《中共中央 国务院关于推进安全生产领域改革发展的意见》

学习读本

编写组 编著

U0318623

煤 炭 工 业 出 版 社

·北 京·

图书在版编目（CIP）数据

《中共中央　国务院关于推进安全生产领域改革发展的意见》学习读本/《〈中共中央　国务院关于推进安全生产领域改革发展的意见〉学习读本》编写组编著． －－北京：煤炭工业出版社，2016（2017.3 重印）

ISBN 978 － 7 － 5020 － 5615 － 5

Ⅰ.①中… Ⅱ.①中… Ⅲ.①安全生产—体制改革—文件—中国—学习参考资料 Ⅳ.①X93

中国版本图书馆 CIP 数据核字（2016）第 308426 号

《中共中央　国务院关于推进安全生产领域改革发展的意见》
学习读本

编　　著	编写组
责任编辑	唐小磊
责任校对	邢蕾严
封面设计	王　滨

出版发行　煤炭工业出版社（北京市朝阳区芍药居 35 号　100029）
电　　话　010 － 84657898（总编室）
　　　　　010 － 64018321（发行部）　010 － 84657880（读者服务部）
电子信箱　cciph612@ 126. com
网　　址　www. cciph. com. cn
印　　刷　煤炭工业出版社印刷厂
经　　销　全国新华书店

开　　本　710mm×1000mm$^1/_{16}$　印张　15　字数　116 千字
版　　次　2016 年 12 月第 1 版　2017 年 3 月第 5 次印刷
社内编号　8478　　　　　　　　定价　38.00 元

前　言

　　党的十八大以来以习近平同志为核心的党中央对安全生产工作空前重视，将其纳入"四个全面"战略布局统筹推进。习近平总书记多次对安全生产工作发表重要讲话，反复强调要坚持发展决不能以牺牲安全为代价这条红线，并对推进安全生产领域改革发展提出明确要求。李克强总理多次作出重要批示，要求加快推进安全生产领域改革。

　　为认真贯彻落实中央精神，国家安全监管总局组织专门班子，研究起草《关于推进安全生产领域改革发展的意见》(简称《意见》)。在起草过程中，国家安全监管总局领导及起草组、有关司局的同志深入各地区及基层一线开展调查研究，广泛听取意见建议；召开了30余场座谈会，集思广益，查摆问题，征求意见；上门走访了中共中央党校、国务院研究室、全国人大法工委、国务院发展研究中心、清华大学等相关机构20多位专家学者，探讨安全生产体制机制法制等改革政策措施科学性、可行性；征求并吸收了中央和国家有关部门、各省级党委和政府以及安全监管监察系统的建设性意见和建议，经反复研究修改，形成送审稿。2016 年 10 月 11 日，习近平总书记主持召开中央全面深化改革领导小组第 28 次会议审议通过《意见》。2016 年 12 月 9 日，中共中央、国务院以中发〔2016〕32 号文件正式印发《意见》，并于 12 月 18 日向社会公开发布，这是新中国成立以来第一个以党中央、国务院名义出台的安全生产工作的纲领性文件。

《意见》以习近平总书记关于安全生产系列重要论述和讲话精神为指导，紧紧围绕"五位一体"总体布局和"四个全面"战略布局，牢固树立五大发展理念，坚持安全发展，顺应全面建成小康社会发展形势，总结实践经验，吸收创新成果，借鉴国外有效做法，坚持目标导向和问题导向，科学谋划了安全生产领域改革发展蓝图，是当前和今后一个时期全国安全生产工作的思想指南和行动纲领，对于推动我国安全生产工作水平的整体提升具有重大里程碑意义。

《意见》共六部分、三十条。一是导言和总体要求。在总结我国安全生产工作取得的成绩、深刻揭示亟待解决的突出问题的基础上，系统地提出了推进安全生产领域改革发展的指导思想、基本原则和目标任务。二是健全落实安全生产责任制。从落实党委和政府领导责任、部门监管、系统管理和支持保障责任、企业主体责任以及健全责任考核机制、严格责任追究制度5个方面提出要求。三是改革安全监管监察体制。从完善监督管理体制、改革重点行业领域安全监管监察体制、进一步完善地方及功能区监管执法体制、健全应急救援管理体制4个方面提出要求。四是大力推进依法治理。从健全法律法规体系、完善标准体系、严格安全准入制度、规范监管执法行为、完善执法监督机制、健全监管执法保障体系、完善事故调查处理机制7个方面提出要求。五是建立安全预防控制体系。从加强安全风险管控、建立隐患治理监督机制、强化企业预防措施、增强城市运行安全保障、加强重点领域工程治理、建立完善职业病防治体系6个方面提出要求。六是加强安全基础保障能力建设。从完善安全投入长效机制、建立安全科技支撑体系、健全社会化服务体系、发挥市场机制推动作用、健全安全宣传教育体系5个方面提出要求。

为配合《意见》学习宣传贯彻落实，国家安全监管总局办公厅组织编写了《意见》学习读本，旨在使各地区、各部门、各单位和广大企业干部职工准确理解、把握《意见》精神实质和内容要义，切实把党中央、国务院提出的目标任务转化为狠抓落实的具体行动，将安全生产领域改革发展蓝图一步步变为现实。

　　《意见》内容丰富、涉及面广、政策性强，因编者认识水平有限，加之时间仓促，本书难免有疏漏不当之处，欢迎读者朋友批评指正。

编　者

2016 年 12 月

目　　录

中共中央　国务院
关于推进安全生产领域改革发展的意见

中发〔2016〕32号

(2016年12月9日)

安全生产是关系人民群众生命财产安全的大事，是经济社会协调健康发展的标志，是党和政府对人民利益高度负责的要求。党中央、国务院历来高度重视安全生产工作，党的十八大以来作出一系列重大决策部署，推动全国安全生产工作取得积极进展。同时也要看到，当前我国正处在工业化、城镇化持续推进过程中，生产经营规模不断扩大，传统和新型生产经营方式并存，各类事故隐患和安全风险交织叠加，安全生产基础薄弱、监管体制机制和法律制度不完善、企业主体责任落实不力等问题依然突出，生产安全事故易发多发，尤其是重特大安全事故频发势头尚未得到有效遏制，一些事故发生呈现由高危行业领域向其他行业领域蔓延趋势，直接危及生产安全和公共安全。为进一步加强安全生产工作，现就推进安全生产领域改革发展提出如下意见。

一、总体要求

（一）指导思想。全面贯彻党的十八大和十八届三中、四中、五中、六中全会精神，以邓小平理论、"三个代表"重要思想、科学发展观为指导，深入贯彻习近平总书记系列重要讲话精神和治国理政新理念新思想新战略，进一步增强"四个意识"，紧紧围绕统筹推进"五位一体"总体布局和协调推进"四个全面"战略布局，牢固树立新发展理念，坚持安全发展，坚守发展决不能以牺牲安全为代价这条不可逾越的红线，以防范遏制重特大生产安全事故为重点，坚持安全第一、预防为主、综合治理的方针，加强领导、改革创新、协调联动、齐抓共管，着力强化企业安全生产主体责任，着力堵塞监督管理漏洞，着力解决不遵守法律法规的问题，依靠严密的责任体系、严格的法治措施、有效的体制机制、有力的基础保障和完善的系统治理，切实增强安全防范治理能力，大力提升我国安全生产整体水平，确保人民群众安康幸福、共享改革发展和社会文明进步成果。

（二）基本原则

——坚持安全发展。贯彻以人民为中心的发展思想，始终把人的生命安全放在首位，正确处理安全与发展的关系，大力实施安全发展战略，为经济社会发展提供强有力的安全保障。

——坚持改革创新。不断推进安全生产理论创新、制度创新、体制机制创新、科技创新和文化创新，增强企业内生动力，激发全社会创新活力，破解安全生产难题，推动安全生产与经济社会协调发展。

——坚持依法监管。大力弘扬社会主义法治精神，运用法治思维和法治方式，深化安全生产监管执法体制改革，完善安全生产法律法规和标准体系，严格规范公正文明执法，增强监管执法效能，提高安全生产法治化水平。

——坚持源头防范。严格安全生产市场准入，经济社会发展要以安全为前提，把安全生产贯穿城乡规划布局、设计、建设、管理和企业生产经营活动全过程。构建风险分级管控和隐患排查治理双重预防工作机制，严防风险演变、隐患升级导致生产安全事故发生。

——坚持系统治理。严密层级治理和行业治理、政府治理、社会治理相结合的安全生产治理体系，组织动员各方面力量实施社会共治。综合运用法律、行政、经济、市场等手段，落实人防、技防、物防措施，提升全社会安全生产治理能力。

（三）目标任务。到 2020 年，安全生产监管体制机制基本成熟，法律制度基本完善，全国生产安全事故总量明显减少，职业病危害防治取得积极进展，重特大生产安全事故频发势头得到有效遏制，安全生产整体水平与全面建成小康社会目标相适应。到 2030 年，实现安全生产治理体系和治理能力现代化，全民安全文明素质全面提升，安全生产保障能力显著增强，为实现中华民族伟大复兴的中国梦奠定稳固可靠的安全生产基础。

二、健全落实安全生产责任制

（四）明确地方党委和政府领导责任。坚持党政同责、一岗双责、齐抓共管、失职追责，完善安全生产责任体系。地方各级党委和政府要始终把安全生产摆在重要位置，加强组织领导。党政主要负责人是本地区安全生产第一责任人，班子其他成员对分管范围内的安全生产工作负领导责任。地方各级安全生产委员会主任由政府主要负责人担任，成员由同级党委和政府及相关部门负责人组成。

地方各级党委要认真贯彻执行党的安全生产方针，在统揽本地区经济社会发展全局中同步推进安全生产工作，定期研究决定安全生产重大问题。加强安全生产监管机构领导班子、干部队伍建设。严格安全生产履职绩效考核和失职责任追究。强化安全生产宣传教育和舆论引导。发挥人大对安全生产工作的监督促进作用、政协对安全生产工作的民主监督作用。推动组织、宣传、政法、机构编制等单位支持保障安全生产工作。动员社会各界积极参与、支持、监督安全生产工作。

地方各级政府要把安全生产纳入经济社会发展总体规划，制定实施安全生产专项规划，健全安全投入保障制度。及时研究部署安全生产工作，严格落实属地监管责任。充分发挥安全生产委员会作用，实施安全生产责任目标管理。建立安全生产巡查制度，督促各部门和下级政府履职尽责。加强安全生产监管执法能力建设，推进安全科技创新，提升信息化管理水平。严格安全准入标准，指导管控安全风险，督促整治重大隐患，强化源头治理。加强应急管理，完善安全生产应急救援体系。依法依规开展事故调查处理，督促落实问题整改。

（五）明确部门监管责任。按照管行业必须管安全、管业务必须管安全、管生产经营必须管安全和谁主管谁负责的原则，厘清安全生产综合监管与行业监管的关系，明确各有关部门安全生产和职业健康工作职责，并落实到部门工作职责规定中。安全生产监督管理部门负责安全生产法规标准和政策规划制定修订、执法监督、事故调查处理、应急救援管理、统计分析、宣传教育培训等综合性工作，承担职责范围内行业领域安全生产和职业健康监管执法职责。负有安全生产监督管理职责的有关部门依法依规履行相关行业领域安全生产和职业健康监管职责，强化监管执法，严厉查处违法违规行为。其他行业领域主管部门负有安全生产管理责任，要将安全生产工作作为行业领域管理的重要内容，从行业规划、产业政策、法规标准、行政许可等方面加强行业安全生产工作，指导督促企事业单位加强安全管理。党委和政府其他有关部门要在职责范围内为安全生产工作提供支持保障，共同推进安全发展。

（六）严格落实企业主体责任。企业对本单位安全生产和职业健康工作负全面责任，要严格履行安全生产法定责任，建立健全自我约束、持续改进的内生机制。企业实行全员安全生产责任制度，法定代表人和实际控制人同为安全生产第一责任人，主要技术负责人负有安全生产技术决策和指挥权，强化部门安全生产职责，落实一岗双责。完善落实混合所有制企业以及跨地区、多层级和境外中资企业投资主体的安全生产责任。建立企业全过程安全生产和职业健康管理制度，做到安全责任、管理、投入、培训和应急救援"五到位"。国有企业要发挥安全生产工作示范带头作用，自觉接受属地监管。

（七）健全责任考核机制。建立与全面建成小康社会相适应和体现安全发展水平的考核评价体系。完善考核制度，统筹整合、科学设定安全生产考核指标，加大安全生产在社会治安综合治理、精神文明建设等考核中的权重。各级政府要对同级安全生产委员会成员单位和下级政府实施严格的安全生产工作责任考核，实行过程考核与结果考核相结合。各地区各单位要建立安全生产绩效与履职评定、职务晋升、奖励惩处挂钩制度，严格落实安全生产"一票否决"制度。

（八）严格责任追究制度。实行党政领导干部任期安全生产责任制，日常工作依责尽职、发生事故依责追究。依法依规制定各有关部门安全生产权力和责任清单，尽职照单免责、失职照单问责。建立企业生产经营全过程安全责任追溯制度。严肃查处安全生产领域项目审批、行政许可、监管执法中的失职渎职和权钱交易等腐败行为。严格事故直报制度，对瞒报、谎报、漏报、迟报事故的单位和个人依法依规追责。对被追究刑事责任的生产经营者依法实施相应的职业禁入，对事故发生负有重大责任的社会服务机构和人员依法严肃追究法律责任，并依法实施相应的行业禁入。

三、改革安全监管监察体制

（九）完善监督管理体制。加强各级安全生产委员会组织领导，充分发挥其统筹协调作用，切实解决突出矛盾和问题。各级安全生产监督管理部门承担本级安全生产委员会日常工作，负责指导协调、监督检查、巡查考核本级政府有关部门和下级政府安全生产工作，履行综合监管职责。负有安全生产监督管理职责的部门，依照有关法律法规和部门职责，健全安全生产监管体制，严格落实监管职责。相关部门按照各自职责建立完善安全生产工作机制，形成齐抓共管格局。坚持管安全生产必须管职业健康，建立安全生产和职业健康一体化监管执法体制。

（十）改革重点行业领域安全监管监察体制。依托国家煤矿安全监察体制，加强非煤矿山安全生产监管监察，优化安全监察机构布局，将国家煤矿安全监察机构负责的安全生产行政许可事项移交给地方政府承担。着重加强危险化学品安全监管体制改革和力量建设，明确和落实危险化学品建设项目立项、规划、设计、施工及生产、储存、使用、销售、运输、废弃处置等环节的法定安全监管责任，建立有力的协调联动机制，消除监管空白。完善海洋石油安全生产监督管理体制机制，实行政企分开。理顺民航、铁路、电力等行业跨区域监管体制，明确行业监管、区域监管与地方监管职责。

（十一）进一步完善地方监管执法体制。地方各级党委和政府要将安全生产监督管理部门作为政府工作部门和行政执法机构，加强安全生产执法队伍建设，强化行政执法职能。统筹加强安全监管力量，重点充实市、县两级安全生产监管执法人员，强化乡镇（街道）安全生产监管力量建设。完善各类开发区、工业园区、港区、风景区等功能区安全生产监管体制，明确负责安全生产监督管理的机构，以及港区安全生产地方监管和部门监管责任。

（十二）健全应急救援管理体制。按照政事分开原则，推进安全生产应急救援管理体制改革，强化行政管理职能，提高组织协调能力和现场救援时效。健全省、市、县三级安全生产应急救援管理工作机制，建设联动互通的应急救援指挥平台。依托公安消防、大型企业、工业园区等应急救援力量，加强矿山和危险化学品等应急救援基地和队伍建设，实行区域化应急救援资源共享。

四、大力推进依法治理

（十三）健全法律法规体系。建立健全安全生产法律法规立改废释工作协调机制。加强涉及安全生产相关法规一致性审查，增强安全生产法制建设的系统性、可操作性。制定安全生产中长期立法规划，加快制定修订安全生产法配套法规。加强安全生产和职业健康法律法规衔接融合。研究修改刑法有关条款，将生产经营过程中极易导致重大生产安全事故的违法行为列入刑法调整范围。制定完善高危行业领域安全规程。设区的市根据立法法的立法精神，加强安全生产地方性法规建设，解决区域性安全生产突出问题。

（十四）完善标准体系。加快安全生产标准制定修订和整合，建立以强制性国家标准为主体的安全生产标准体系。鼓励依法成立的社会团体和企业制定更加严格规范的安全生产标准，结合国情积极借鉴实施国际先进标准。国务院安全生产监督管理部门负责生产经营单位职业危害预防治理国家标准制定发布工作；统筹提出安全生产强制性国家标准立项计划，有关部门按照职责分工组织起草、审查、实施和监督执行，国务院标准化行政主管部门负责及时立项、编号、对外通报、批准并发布。

（十五）严格安全准入制度。严格高危行业领域安全准入条件。按照强化监管与便民服务相结合原则，科学设置安全生产行政许可事项和办理程序，优化工作流程，简化办事环节，实施网上公开办理，接受社会监督。对与人民群众生命财产安全直接相关的行政许可事项，依法严格管理。对取消、下放、移交的行政许可事项，要加强事中事后安全监管。

（十六）规范监管执法行为。完善安全生产监管执法制度，明确每个生产经营单位安全生产监督和管理主体，制定实施执法计划，完善执法程序规定，依法严格查处各类违法违规行为。建立行政执法和刑事司法衔接制度，负有安全生产监督管理职责的部门要加强与公安、检察院、法院等协调配合，完善安全生产违法线索通报、案件移送与协查机制。对违法行为当事人拒不执行安全生产行政执法决定的，负有安全生产监督管理职责的部门应依法申请司法机关强制执行。完善司法机关参与事故调查机制，严肃查处违法犯罪行为。研究建立安全生产民事和行政公益诉讼制度。

（十七）完善执法监督机制。各级人大常委会要定期检查安全生产法律法规实施情况，开展专题询问。各级政协要围绕安全生产突出问题开展民主监督和协商调研。建立执法行为审议制度和重大行政执法决策机制，评估执法效果，防止滥用职权。健全领导干部非法干预安全生产监管执法的记录、通报和责任追究制度。完善安全生产执法纠错和执法信息公开制度，加强社会监督和舆论监督，保证执法严明、有错必纠。

（十八）健全监管执法保障体系。制定安全生产监管监察能力建设规划，明确监管执法装备及现场执法和应急救援用车配备标准，加强监管执法技术支撑体系建设，保障监管执法需要。建立完善负有安全生产监督管理职责的部门监管执法经费保障机制，将监管执法经费纳入同级财政全额保障范围。加强监管执法制度化、标准化、信息化建设，确保规范高效监管执法。建立安全生产监管执法人员依法履行法定职责制度，激励保证监管执法人员忠于职守、履职尽责。严格监管执法人员资格管理，制定安全生产监管执法人员录用标准，提高专业监管执法人员比例。建立健全安全生产监管执法人员凡进必考、入职培训、持证上岗和定期轮训制度。统一安全生产执法标志标识和制式服装。

（十九）完善事故调查处理机制。坚持问责与整改并重，充分发挥事故查处对加强和改进安全生产工作的促进作用。完善生产安全事故调查组组长负责制。健全典型事故提级调查、跨地区协同调查和工作督导机制。建立事故调查分析技术支撑体系，所有事故调查报告要设立技术和管理问题专篇，详细分析原因并全文发布，做好解读，回应公众关切。对事故调查发现有漏洞、缺陷的有关法律法规和标准制度，及时启动制定修订工作。建立事故暴露问题整改督办制度，事故结案后一年内，负责事故调查的地方政府和国务院有关部门要组织开展评估，及时向社会公开，对履职不力、整改措施不落实的，依法依规严肃追究有关单位和人员责任。

五、建立安全预防控制体系

（二十）加强安全风险管控。地方各级政府要建

13

立完善安全风险评估与论证机制，科学合理确定企业选址和基础设施建设、居民生活区空间布局。高危项目审批必须把安全生产作为前置条件，城乡规划布局、设计、建设、管理等各项工作必须以安全为前提，实行重大安全风险"一票否决"。加强新材料、新工艺、新业态安全风险评估和管控。紧密结合供给侧结构性改革，推动高危产业转型升级。位置相邻、行业相近、业态相似的地区和行业要建立完善重大安全风险联防联控机制。构建国家、省、市、县四级重大危险源信息管理体系，对重点行业、重点区域、重点企业实行风险预警控制，有效防范重特大生产安全事故。

（二十一）强化企业预防措施。企业要定期开展风险评估和危害辨识。针对高危工艺、设备、物品、场所和岗位，建立分级管控制度，制定落实安全操作规程。树立隐患就是事故的观念，建立健全隐患排查治理制度、重大隐患治理情况向负有安全生产监督管理职责的部门和企业职代会"双报告"制度，实行自查自改自报闭环管理。严格执行安全生产和职业健康"三同时"制度。大力推进企业安全生产标准化建设，实现安全管理、操作行为、设备设施和作业环境的标准化。开展经常性的应急演练和人员避险自救培训，着力提升现场应急处置能力。

（二十二）建立隐患治理监督机制。制定生产安全事故隐患分级和排查治理标准。负有安全生产监督管理职责的部门要建立与企业隐患排查治理系统联网的信息平台，完善线上线下配套监管制度。强化隐患排查治理监督执法，对重大隐患整改不到位的企业依法采取停产停业、停止施工、停止供电和查封扣押等强制措施，按规定给予上限经济处罚，对构成犯罪的要移交司法机关依法追究刑事责任。严格重大隐患挂牌督办制度，对整改和督办不力的纳入政府核查问责范围，实行约谈告诫、公开曝光，情节严重的依法依规追究相关人员责任。

（二十三）强化城市运行安全保障。定期排查区域内安全风险点、危险源，落实管控措施，构建系统性、现代化的城市安全保障体系，推进安全发展示范城市建设。提高基础设施安全配置标准，重点加强对城市高层建筑、大型综合体、隧道桥梁、管线管廊、轨道交通、燃气、电力设施及电梯、游乐设施等的检测维护。完善大型群众性活动安全管理制度，加强人员密集场所安全监管。加强公安、民政、国土资源、住房城乡建设、交通运输、水利、农业、安全监管、气象、地震等相关部门的协调联动，严防自然灾害引发事故。

（二十四）加强重点领域工程治理。深入推进对煤矿瓦斯、水害等重大灾害以及矿山采空区、尾矿库的工程治理。加快实施人口密集区域的危险化学品和化工企业生产、仓储场所安全搬迁工程。深化油气开采、输送、炼化、码头接卸等领域安全整治。实施高速公路、乡村公路和急弯陡坡、临水临崖危险路段公路安全生命防护工程建设。加强高速铁路、跨海大桥、海底隧道、铁路浮桥、航运枢纽、港口等防灾监测、安全检测及防护系统建设。完善长途客运车辆、旅游客车、危险物品运输车辆和船舶生产制造标准，提高安全性能，强制安装智能视频监控报警、防碰撞和整车整船安全运行监管技术装备，对已运行的要加快安全技术装备改造升级。

（二十五）建立完善职业病防治体系。将职业病防治纳入各级政府民生工程及安全生产工作考核体系，制定职业病防治中长期规划，实施职业健康促进计划。加快职业病危害严重企业技术改造、转型升级和淘汰退出，加强高危粉尘、高毒物品等职业病危害源头治理。健全职业健康监管支撑保障体系，加强职业健康技术服务机构、职业病诊断鉴定机构和职业健康体检机构建设，强化职业病危害基础研究、预防控制、诊断鉴定、综合治疗能力。完善相关规定，扩大职业病患者救治范围，将职业病失能人员纳入社会保障范围，对符合条件的职业病患者落实医疗与生活救助措施。加强企业职业健康监管执法，督促落实职业病危害告知、日常监测、定期报告、防护保障和职业健康体检等制度措施，落实职业病防治主体责任。

六、加强安全基础保障能力建设

（二十六）完善安全投入长效机制。加强中央和地方财政安全生产预防及应急相关资金使用管理，加大安全生产与职业健康投入，强化审计监督。加强安全生产经济政策研究，完善安全生产专用设备企业所得税优惠目录。落实企业安全生产费用提取管理使用制度，建立企业增加安全投入的激励约束机制。健全投融资服务体系，引导企业集聚发展灾害防治、预测预警、检测监控、个体防护、应急处置、安全文化等技术、装备和服务产业。

（二十七）建立安全科技支撑体系。优化整合国家科技计划，统筹支持安全生产和职业健康领域科研项目，加强研发基地和博士后科研工作站建设。开展事故预防理论研究和关键技术装备研发，加快成果转化和推广应用。推动工业机器人、智能装备在危险工序和环节广泛应用。提升现代信息技术与安全生产融合度，统一标准规范，加快安全生产信息化建设，构建安全生产与职业健康信息化全国"一张网"。加强安全生产理论和政策研究，运用大数据技术开展安全生产规律性、关联性特征分析，提高安全生产决策科学化水平。

（二十八）健全社会化服务体系。将安全生产专业技术服务纳入现代服务业发展规划，培育多元化服务主体。建立政府购买安全生产服务制度。支持发展安全生产专业化行业组织，强化自治自律。完善注册安全工程师制度。改革完善安全生产和职业健康技术服务机构资质管理办法。支持相关机构开展安全生产和职业健康一体化评价等技术服务，严格实施评价公开制度，进一步激活和规范专业技术服务市场。鼓励中小微企业订单式、协作式购买运用安全生产管理和技术服务。建立安全生产和职业健康技术服务机构公示制度和由第三方实施的信用评定制度，严肃查处租借资质、违法挂靠、弄虚作假、垄断收费等各类违法违规行为。

（二十九）发挥市场机制推动作用。取消安全生产风险抵押金制度，建立健全安全生产责任保险制度，在矿山、危险化学品、烟花爆竹、交通运输、建筑施工、民用爆炸物品、金属冶炼、渔业生产等高危行业领域强制实施，切实发挥保险机构参与风险评估管控和事故预防功能。完善工伤保险制度，加快制定工伤预防费用的提取比例、使用和管理具体办法。积极推进安全生产诚信体系建设，完善企业安全生产不良记录"黑名单"制度，建立失信惩戒和守信激励机制。

（三十）健全安全宣传教育体系。将安全生产监督管理纳入各级党政领导干部培训内容。把安全知识普及纳入国民教育，建立完善中小学安全教育和高危行业职业安全教育体系。把安全生产纳入农民工技能培训内容。严格落实企业安全教育培训制度，切实做到先培训、后上岗。推进安全文化建设，加强警示教育，强化全民安全意识和法治意识。发挥工会、共青团、妇联等群团组织作用，依法维护职工群众的知情权、参与权与监督权。加强安全生产公益宣传和舆论监督。建立安全生产"12350"专线与社会公共管理平台统一接报、分类处置的举报投诉机制。鼓励开展安全生产志愿服务和慈善事业。加强安全生产国际交流合作，学习借鉴国外安全生产与职业健康先进经验。

各地区各部门要加强组织领导，严格实行领导干部安全生产工作责任制，根据本意见提出的任务和要求，结合实际认真研究制定实施办法，抓紧出台推进安全生产领域改革发展的具体政策措施，明确责任分工和时间进度要求，确保各项改革举措和工作要求落实到位。贯彻落实情况要及时向党中央、国务院报告，同时抄送国务院安全生产委员会办公室。中央全面深化改革领导小组办公室将适时牵头组织开展专项监督检查。

第一章

导言及总体要求

◎导言

◎指导思想

◎基本原则

◎目标任务

【背景】

安全生产事关人民福祉，事关经济社会发展大局。党中央、国务院历来高度重视安全生产工作，党的十八大以来以习近平同志为核心的党中央作出一系列重大决策部署。习近平总书记站在战略和全局的高度，鲜明地提出了发展决不能以牺牲安全为代价的重要思想，强调必须牢固树立安全发展观念，坚持人民利益至上；必须坚定不移保障安全发展，狠抓安全生产责任制落实；必须深化改革创新，加强和改进安全监管工作；必须强化依法治理，用法治思维和法治手段解决安全生产问题；必须坚持预防为主、综合治理，坚决遏制重特大安全事故频发势头；必须加强基础设施建设，大力提升安全保障能力。李克强总理多次作出重要指示批示，要求坚持依法治安、源头防范、系统治理，强化工作考核，加快制定完善相关法律法规和标准，进一步深化安全生产体制改革和机制创新，认真落实各项安全防范措施，坚决遏制重特大生产安全事故发生。2016 年 1 月，习近平总书记、李克强总理等党中央、国务院领导在中共中央办公厅《督促检查情况》（2016 年第 1 期）"完善体制机制防范化解风险　着力促进安全生产形势根本好转"报告上作出了重要批示，对加快推进安全生产体制机制法制改革创新提出明确要求。这些都为推进安全生产领域改革发展指明了方向。

在党中央、国务院的正确领导下，各地区、各部门和各单位齐心协力、开拓进取，推动安全生产事业不断发展进步，安全发展理念在全社会不断弘扬和强化，以《安全生产法》为基础的安全生产法律法规和标准规范体系初步形成，安全生产责任体系逐步健全，专项治理、隐患排查、安全巡查、责任考核等机制不断完善，安全生产科技、文化和应急救援等基础工作持续加强。与 2002 年相比，2015 年，我国在经济总量增长 4.6 倍、煤炭产量增长 1.6 倍的情况下，全国事故由 107 万起、死亡近 14 万人的最高峰，降至 28.2 万起、死亡 6.6 万人，分别下降 73.6%、52.9%，连续 13 年"双下降"；重特大生产安全事故起数和死亡人数分别下降 70.3%、67.2%；亿元 GDP 生产安全事故死亡率、工矿商贸就业人员十万人事故死亡率、煤矿百万吨死亡率、道路交通万车死亡率分别下降 92.6%、73.6%、96.7%、84.8%。但形势依然严峻复杂，重特大生产安全事故时有发生。近年发生的吉林德惠"6·3"、山东青岛"11·22"、江苏昆山"8·2"、天津港"8·12"、深圳"12·20"和江西丰城"11·24"等重特大生产安全事故，集中暴露出一些地方"党政同责、一岗双责、齐抓共管、失职追责"规定不明确、责任不明晰不落实，安全监管体系不完善不严密、存在漏洞，安全生产法治不彰及法规标准体系不健全、有法不遵、执法不严，防范工作不系统、不持续和企业主体责任不落实，职业病防治体系不健全、能力不足，应急救援管理体系不适应，安全生产基础薄弱，市场机制不完善、激励约束作用不强，从业人员安全技能素质偏低等深层次矛盾和突出问题。对此，必须以改革创新的勇气和魄力，采取系统性、根本性和综合性的政策制度措施加以解决。

《意见》的导言、总体要求部分进一步明确了安全生产的重要地位和作用，实事求是地总结了安全生产工作取得的成效，深入分析了存在的深层次矛盾和突出问题，同时系统、创新地提出了推进安全生产领域改革发展的指导思想、基本原则和目标任务，以统一思想、坚定信心、推进改革、促进发展；强调贯彻落实中央关于安全生产改革的相关部署要求，以严密的责任体系、严格的法治措施、有效的体制机制、有力的基础保障和完善的系统治理，促进安全防范治理能力切实增强，安全生产整体水平大幅提高。

导言

【原文】 >>>>>>

安全生产是关系人民群众生命财产安全的大事，是经济社会协调健康发展的标志，是党和政府对人民利益高度负责的要求。党中央、国务院历来高度重视安全生产工作，党的十八大以来作出了一系列重大决策部署，推动全国安全生产工作取得积极进展。同时也要看到，当前我国正处在工业化、城镇化持续推进过程中，生产经营规模不断扩大，传统和新型生产经营方式并存，各类事故隐患和安全风险交织叠加，安全生产基础薄弱、监管体制机制和法律制度不完善、企业主体责任落实不力等问题依然突出，生产安全事故易发多发，尤其是重特大安全事故频发势头尚未得到有效遏制，一些事故发生呈现由高危行业领域向其他行业领域蔓延趋势，直接危及生产安全和公共安全。为进一步加强安全生产工作，现就推进安全生产领域改革发展提出如下意见。

【导读】>>>>>>

导言部分重点阐述了安全生产的重要性，总结凝炼了我国安全生产工作取得的成绩，深刻揭示了安全生产中亟待解决的主要矛盾和突出问题，强调了推进安全生产领域改革发展的目的。

1. 开宗明义强调安全生产的重要性。加强安全生产，切实维护人的生命安全和健康，是人类社会生命至上理念的共同认知，是社会文明进步的重要体现。我国宪法规定：国家通过各种途径，创造劳动就业条件，加强劳动保护，改善劳动条件。《安全生产法》第一条关于立法目的规定，就是为了加强安全生产工作，防止和减少生产安全事故，保障人民群众生命财产安全，促进经济社会持续健康发展。践行全心全意为人民服务的根本宗旨，坚持以人民为中心的发展思想，实现好、维护好、发展好广大人民群众的根本利益和现实利益，落实到安全生产工作，就是最大限度地保护广大人民群众生命财产安全和健康权益。《意见》开篇就指出，安全生产是关系人民群众生命财产安全的大事，是经济社会协调健康发展的标志，是党和政府对人民利益高度负责的要求。开篇强调安全生产工作的重要性，有利于统一思想认识，增强全社会对安全生产工作的重视，调动各方力量共同关心、支持、推动和改进安全生产工作，提高全社会安全生产整体水平，为人民安居乐业、共享改革发展成果创造良好的安全生产环境。

2. 总结凝炼安全生产工作取得的成绩。正确客观认识我国安全生产工作取得的成绩是进一步改革和加强安全生产工作的基础。在党中央、国务院的正确领导下，各地区、各部门和各单位齐心协力，勇于进取，不断推动安全生产工作取得新进展。在经济社会快速发展的情况下，全国生产安全事故起数、死亡人数连续13年"双下降"。一些地区和行业领域坚持改革创新，积极探索创造了一批可复制推广的经验做法。这为我们推进安全生产工作向更高水平迈进提供了有利条件。

3. 深刻指出安全生产面临的形势和突出问题。当前，我国仍处于工业化、城镇化加快发展过程中，生产经营规模不断扩大，传统和新型生产经营方式并存，新材料、新能源、新工艺广泛运用，新产业、新业态大量涌现，一些"想不到、管不到"的问题还十分突出。正如习近平总书记指出：像深圳这样现代化的城市、经济特区竟然发生这么严重的安全事故，青岛、天津、深圳接二连三发生安全事故，暴露出城市管理还存在不少短板。同时，各类事故隐患和安全风险交织叠加，安全生产基础薄弱、监管体制机制和法律制度不完善、企业主体责任落实不力等问题依然突出，生产安全事故易发多发，尤其是重特大生产安全事故频发势头尚未得到有效遏制，一些事故由高危行业领域向其他行业领域蔓延，直接危及生产安全和公共安全。这些深层次矛盾和问题严重影响我国安全生产事业发展进步，必须通过深化改革加以解决。

4. 强调推进安全生产领域改革的目的。改革发展是时代主旋律。推进安全生产领域改革发展，目的是为了进一步加强改进安全生产工作，提高我国安全生产工作的整体水平，更好地维护人民群众的生命财产安全和健康权益。

（一）指导思想

【原文】 >>>>>>

全面贯彻党的十八大和十八届三中、四中、五中、六中全会精神，以邓小平理论、"三个代表"重要思想、科学发展观为指导，深入贯彻习近平总书记系列重要讲话精神和治国理政新理念新思想新战略，进一步增强"四个意识"，紧紧围绕统筹推进"五位一体"总体布局和协调推进"四个全面"战略布局，牢固树立新发展理念，坚持安全发展，坚守发展决不能以牺牲安全为代价这条不可逾越的红线，以防范遏制重特大生产安全事故为重点，坚持安全第一、预防为主、综合治理的方针，加强领导、改革创新、协调联动、齐抓共管，着力强化企业安全生产主体责任，着力堵塞监督管理漏洞，着力解决不遵守法律法规的问题，依靠严密的责任体系、严格的法治措施、有效的体制机制、有力的基础保障和完善的系统治理，切实增强安全防范治理能力，大力提升我国安全生产整体水平，确保人民群众安康幸福、共享改革发展和社会文明进步成果。

【导读】>>>>>>

指导思想重点阐述了以下 5 个方面要点。

1. 明确推进安全生产领域改革发展的思想指南。党的十八大以来，以习近平同志为核心的党中央把安全生产作为协调推进"五位一体"总体布局和"四个全面"战略布局的重要内容和民生大事，摆到前所未有的突出位置，强调牢固树立和坚决贯彻五大发展理念和安全发展观念，历次中央全会都对安全生产提出明确要求。习近平总书记先后在主持的 7 次中央政治局常委会上和中央政治局第 23 次集体学习时，就安全生产工作发表重要讲话，30 余次作出重要批示，并对推进安全生产改革创新提出明确要求。2015 年 12 月 24 日在中央政治局常委会第 127 次会议上强调，我们把握安全生产能力不足问题凸显，这涉及安全生产理念、制度、体制、机制、管理手段、改革创新，要举一反三，在标准制定、体制机制上认真考虑，如何改变和完善。因此，推进安全生产改革发展必须全面贯彻党的十八大和十八届三中、四中、五中、六中全会精神，以邓小平理论、"三个代表"重要思想、科学发展观为指导，深入贯彻习近平总书记系列重要讲话精神和治国理政新理念新思想新战略，进一步增强"四个意识"，紧紧围绕统筹推进"五位一体"总体布局和协调推进"四个全面"战略布局，牢固树立五大发展理念，坚持安全发展。

2. 强调坚守一条红线。当前一些地区和行业领域事故多发，思想认识上的差距是基础性的原因，因而导致抓安全生产的态度不坚决、措施不得力。对此，党的十八大之后，习近平总书记首先提出并一再强调，发展决不能以牺牲安全为代价，这是一条不可逾越的红线。这条红线既是发展必须坚守的底线，也是贯穿《意见》全部内容的轴线，是指导我国安全生产工作的大方向、大逻辑。坚守红线是践行党的性质、党的基本理论和根本宗旨的必然要求，是实现全面建成小康社会的内在要求，也是遏制生产安全事故的基本要求。历史的经验和教训表明，什么时候红线意识强、守得牢，安全生产形势就较为平稳；反之，安全隐患和事故就会迭出，直接影响经济发展和社会和谐稳定。因此，推进安全生产领域改革发展必须始终坚持、毫不放松地坚守这条红线。

3. 强调防范遏制重特大生产安全事故这个重点。当前，我国生产安全事故总量呈持续减少的态势，但形势依然严峻，突出的表现是重特大生产安全事故时有发生。习近平总书记指出，近年来，安全生产工作取得了一些成绩，从数据来看，伤亡人数、事故起数是少了，但发生几次重特大生产安全事故，确实仍然感到形势严峻。2015 年，全国 21 个省份共发生了 38 起重特大生产安全事故，平均 10 天一起，共造成 768 人死亡或失踪，有 13 个省份重特大生产安全事故起数和死亡人数同比上升。因此，在整体推进安全生产工作的同时，必须把全力防范遏制重特大生产安全事故摆在更加突出的位置，这也是推进安全生产领域改革发展重点要解决的关键问题。

4. 强调坚持安全生产工作方针。"安全第一、预防为主、综合治理"十二字方针是开展安全生产工作总的指导方针。安全第一，体现了以人民为中心的发展思想。生产经营活动中，在处理保证安全与实现生产经营活动的其他各项目标的关系上，要始终把安全特别是从业人员和其他人员的人身安全放在首要的位置，实行"安全优先"的原则，当安全工作与其他活动发生冲突与矛盾时，其他活动要服从安全。预防为主，是安全生产工作的重要任务和价值所在，是实现安全生产的根本途径。只有把安全生产的重点放在预防上，超前防范，才能有效避免和减少事故，实现安全第一。综合治理，从遵循和适应安全生产的规律出发，运用多种手段，多管齐下，形成标本兼治、齐抓共管的格局。这是系统治理生产安全问题、实现"安全第一、预防为主"要求的基本思路和方式。安全生产工作方针是长期实践经验的科学总结，要在推进安全生产领域改革发展中予以坚持和丰富。

5. 明确改革的关注点。改革必须坚持问题导向，聚焦突出问题，提出改革举措。近些年发生的一些重大事故集中暴露出安全生产工作体制不健全、企业主体责任不落实、安全生产监督管理存在漏洞、法律法规不遵守等深层次矛盾和突出问题，必须采取有力的政策措施，依靠严密的责任体系、严格的法治措施、有效的体制机制、有力的基础保障和完善的系统治理加以解决。

（二）基本原则

【原文】＞＞＞＞＞＞

——坚持安全发展。贯彻以人民为中心的发展思想，始终把人的生命安全放在首位，正确处理安全与

33

发展的关系，大力实施安全发展战略，为经济社会发展提供强有力的安全保障。

——坚持改革创新。不断推进安全生产理论创新、制度创新、体制机制创新、科技创新和文化创新，增强企业内生动力，激发全社会创新活力，破解安全生产难题，推动安全生产与经济社会协调发展。

——坚持依法监管。大力弘扬社会主义法治精神，运用法治思维和法治方式，深化安全生产监管执法体制改革，完善安全生产法律法规和标准体系，严格规范公正文明执法，增强监管执法效能，提高安全生产法治化水平。

——坚持源头防范。严格安全生产市场准入，经济社会发展要以安全为前提，把安全生产贯穿城乡规划布局、设计、建设、管理和企业生产经营活动全过程。构建风险分级管控和隐患排查治理双重预防工作机制，严防风险演变、隐患升级导致生产安全事故发生。

——坚持系统治理。严密层级治理和行业治理、政府治理、社会治理相结合的安全生产治理体系，组织动员各方面力量实施社会共治。综合运用法律、行政、经济、市场等手段，落实人防、技防、物防措施，提升全社会安全生产治理能力。

【导读】>>>>>>

1. 坚持安全发展。坚持以人民为中心的发展思想，就是既要让人民富起来，又要让人民的安全和健康得到切实保障。安全发展是科学发展的应有之意，也是确保安全生产的社会基础。对于党委政府，保安全就是促进改革发展、维护社会稳定、保证党的宗旨的落实；对于生产经营者，保安全就是保效益、保品牌、保市场；对于广大人民群众，保安全就是保生命、保健康、保幸福。只有坚定不移地走安全发展之路，安全生产工作才会摆上重要位置，人民群众才能安居乐业，经济社会才能持续健康发展。

2. 坚持改革创新。改革开放三十多年的经验表明，改革是我国发展的关键一招，创新是引领发展的第一动力。当前我国经济体制、产业结构发生重大变化，社会面貌发生深刻变革，新材料、新能源、新工艺广泛运用，新产业、新业态大量涌现，都给安全生产工作提出了新要求新挑战。我们必须解放思想、与时俱进，从安全生产理论、制度、体制、机制、科技、文化等方面推动改革创新，激发全社会安全生产要素的内在活力，推动安全生产工作适应新情况、新要求。

3. 坚持依法监管。法治是社会文明程度的核心标志，依法治国是党治国理政的基本方略，依法行政是党治国理政的基本方式。实现我国安全生产治理体系和治理能力的现代化，必须要重视法治、加强法治、依靠法治，着力完善安全生产法律法规和标准，着力强化严格执法和规范执法，着力增强安全监管监察队伍的法治素养和法治能力，着力提高全社会遵守安全法制的意识、履行安全法定责任的观念，全面提升我国安全生产法治化水平。

4. 坚持源头防范。加大事故预防的纵深及有效性，一定要强调源头防范。只有从源头上、根子上强化预防措施，做到防患于未然，才能牢牢把握安全生产工作的主动权。要牢固树立事故可防可控的观念，坚持从源头抓起，从每一个项目、每一个环节抓起，把安全生产贯穿城乡规划布局、设计、建设、管理和企业生产经营活动的全过程，建立和实施超前防范的制度措施，严防风险演变、隐患升级导致生产安全事故发生。

5. 坚持系统治理。无论从微观还是从宏观上看，安全生产都不是孤立的，而是各方面因素相互作用的结果。要提高我国安全生产整体水平，必须坚持系统论的思想，标本兼治、综合施策、多方发力，充分发挥中国特色社会主义制度的优势，科学运用法律、行政、经济、市场等手段，全面落实人防、技防、物防措施，织密齐抓共管、系统治理的安全生产保障网。

（三）目标任务

【原文】 >>>>>>

到 2020 年，安全生产监管体制机制基本成熟，法律制度基本完善，全国生产安全事故总量明显减少，职业病危害防治取得积极进展，重特大生产安全事故频发势头得到有效遏制，安全生产整体水平与全面建成小康社会目标相适应。到 2030 年，实现安全生产治理体系和治理能力现代化，全民安全文明素质全面提升，安全生产保障能力显著增强，为实现中华民族伟大复兴的中国梦奠定稳固可靠的安全生产基础。

【导读】 >>>>>>

针对安全生产现实基础、发展潜力和趋势，《意见》提出了到 2020 年实现安全生产总体水平与全面建成小康社会相适应、到 2030 年实现安全生产治理能力和治理体系现代化的目标任务。这"两步走"战略目标明确了安全生产领域改革发展的主要方向和时间路线。这两个目标既相互承接，又各有侧重。所谓相互承接，就是按序前进，要求安全生产改革发展要积极顺应我国经济社会发展的大势，顺应社会主义现代化建设"两个一百年"目标的实现，坚持标本兼治，提高我国安全生产工作的总体水平。所谓各有侧重，第一个目标主要解决与全面建成小康社会不适应的问题，全力控制生产安全事故总量，全力遏制重特大生产安全事故频发势头，使广大人民群众切实感受到安全环境的改善和安全感的提高；第二个目标是在完成第一个目标的基础上，取得安全生产工作更加稳固、更加本质的进步，实现安全生产法制、体制、机制、制度和手段体系的科学、成熟、有效暨现代化。目标引领方向，目标凝聚共识，目标汇聚力量，我们要紧紧围绕党中央、国务院确定的目标任务，充分调动各方面力量，一步一个脚印地推进安全生产改革发展不断向既定目标迈进。

第二章

健全落实安全生产责任制

◎ 明确地方党委和政府领导责任

◎ 明确部门监管责任

◎ 严格落实企业主体责任

◎ 健全责任考核机制

◎ 严格责任追究制度

【背景】

党的十八届五中全会指出，要完善和落实安全生产责任和管理制度。习近平总书记在中央政治局第23次集体学习时强调，要全面抓好安全生产责任制和管理、防范、监督、检查、奖惩措施的落实，细化落实各级党委和政府的领导责任、相关部门的监管责任、企业的主体责任。责任制是安全生产的灵魂，只有明晰各地区、各部门、各单位的安全生产工作责任和企业安全生产主体责任，采取有效的考核奖惩等制度措施，才能将安全生产各项规定和政策真正落到实处、见到实效。

改革开放以来，随着我国经济体制不断变革，安全生产监管监察体制不断变化，相应的安全生产责任制也不断调整完善，但目前仍存在一些突出问题，主要是安全生产责任不明晰、不落实；综合监管和行业监管职责边界不清，随着新情况、新问题、新业态大量出现，"认不清、想不到、管不到"的问题突出，一些重点领域、关键环节存在监管盲区；安全生产工作考核不规范，重结果、轻过程、权重低，激励约束不强；企业主体责任不落实，90% 以上的事故都是企业违法违规生产经营建设所致，等等。为此，必须在职责规定、制度设计上下功夫，切实解决责任不清晰、不落实的问题。

《意见》认真贯彻落实党的十八届五中全会精神和习近平总书记重要指示要求，在总结各地区有效做法的基础上，进一步健全安全生产责任体系，明确地方党委和政府领导责任；厘清安全生产综合监管与行业监管的关系，明确各有关部门安全生产和职业健康工作责任，并落实到部门职责规定中；提出建立健全一系列制度机制，进一步压实企业主体责任。同时，充分发挥考核和责任追究的作用，对健全考核机制和严格责任追究提出了明确要求，作了制度化规定，强化责任落实。

（四）明确地方党委和政府领导责任

【原文】>>>>>>

坚持党政同责、一岗双责、齐抓共管、失职追责，完善安全生产责任体系。地方各级党委和政府要始终把安全生产摆在重要位置，加强组织领导。党政主要负责人是本地区安全生产第一责任人，班子其他成员对分管范围内的安全生产工作负领导责任。地方各级安全生产委员会主任由政府主要负责人担任，成员由同级党委和政府及相关部门负责人组成。

地方各级党委要认真贯彻执行党的安全生产方针，在统揽本地区经济社会发展全局中同步推进安全生产工作，定期研究决定安全生产重大问题。加强安全生产监管机构领导班子、干部队伍建设。严格安全生产履职绩效考核和失职责任追究。强化安全生产宣传教育和舆论引导。发挥人大对安全生产工作的监督促进作用、政协对安全生产工作的民主监督作用。推动组织、宣传、政法、机构编制等单位支持保障安全生产工作。动员社会各界积极参与、支持、监督安全生产工作。

地方各级政府要把安全生产纳入经济社会发展总体规划，制定实施安全生产专项规划，健全安全投入保障制度。及时研究部署安全生产工作，严格落实属地监管责任。充分发挥安全生产委员会作用，实施安全生产责任目标管理。建立安全生产巡查制度，督促各部门和下级政府履职尽责。加强安全生产监管执法能力建设，推进安全科技创新，提升信息化管理水平。严格安全准入标准，指导管控安全风险，督促整治重大隐患，强化源头治理。加强应急管理，完善安全生产应急救援体系。依法依规开展事故调查处理，督促落实问题整改。

【导读】 >>>>>>

本条明确了健全完善地方党委和政府领导责任体系以及坚持"党政同责、一岗双责、齐抓共管、失职追责"的相关要求，并对地方党委和政府具体责任作出规定。

1. 明确健全安全生产责任体系的依据。习近平总书记强调，坚持党政同责、一岗双责、齐抓共管、失职追责，严格落实安全生产责任制。这一重要指示既体现了中国特色社会主义制度优势，也体现了安全生产科学管理的内在要求，是健全完善安全生产责任体系的重要依据。

2. 提出"党政同责、一岗双责、齐抓共管、失职追责"责任体系的具体规定。《意见》明确党政主要负责人是本地区安全生产第一责任人，班子其他成员按照一岗双责的要求，对分管范围内的安全工作负领导责任；党委组织、宣传、政法等部门和政府有关部门进入安全生产委员会，形成齐抓共管的局面。

3. 明确地方各级党委的具体责任。习近平总书记在青岛"11·22"事故现场考察时强调，党委要管大事，发展是大事，安全生产也是大事。据此，并结合党委职责规定，《意见》明确地方各级党委的 7 条具体责任，即认真贯彻执行党的安全生产方针，在统揽本地区经济社会发展全局中同步推进安全生产工作，定期研究决策安全生产重大问题；加强安全生产监管机构领导班子、干部队伍建设；严格安全生产履职绩效考核和失职责任追究；强化安全生产宣传教育和舆论引导；发挥人大对安全生产工作的监督促进作用，政协对安全生产工作的民主监督作用；推动组织、宣传、政法、机构编制等单位支持保障安全生产工作；动员社会各界积极参与、支持、监督安全生产工作。

4. 明确地方各级人民政府的责任。根据《安全生产法》等法律法规相关要求，结合政府职责要求，《意见》明确地方各级人民政府的8条具体安全生产责任，即把安全生产纳入经济社会发展总体规划，制定实施安全生产专项规划，健全安全投入保障制度；及时研究部署安全生产工作，严格落实属地监管责任；充分发挥安全生产委员会作用，实施安全生产责任目标管理；建立安全生产巡查制度，督促各部门和下级政府履职尽责；加强安全生产监管执法能力建设，推进安全科技创新，提升信息化管理水平；严格安全准入标准，指导管控安全风险，督促整治重大隐患，强化源头治理；加强应急管理，完善安全生产应急救援体系；依法依规开展事故调查处理，督促落实问题整改。

（五）明确部门监管责任

【原文】>>>>>>

按照管行业必须管安全、管业务必须管安全、管生产经营必须管安全和谁主管谁负责的原则，厘清安全生产综合监管与行业监管的关系，明确各有关部门安全生产和职业健康工作职责，并落实到部门工作职责规定中。安全生产监督管理部门负责安全生产法规标准和政策规划制定修订、执法监督、事故调查处理、应急救援管理、统计分析、宣传教育培训等综合性工作，承担职责范围内行业领域安全生产和职业健康监管执法职责。负有安全生产监督管理职责的有关部门依法依规履行相关行业领域安全生产和职业健康监管职责，强化监管执法，严厉查处违法违规行为。其他行业领域主管部门负有安全生产管理责任，要将安全生产工作作为行业领域管理的重要内容，从行业规划、产业政策、法规标准、行政许可等方面加强行业安全生产工作，指导督促企事业单位加强安全管理。党委和政府其他有关部门要在职责范围内为安全生产工作提供支持保障，共同推进安全发展。

【导读】>>>>>>

进一步厘清安全生产综合监管与行业监管的关系，进一步明确安全生产监督管理部门、负有安全生产监督管理职责的有关部门、其他行业领域主管部门、党委和政府其他有关部门的责任，是《意见》完善安全生产责任体系的重要内容。

1. 厘清安全生产综合监管与行业监管的关系。2013年，习近平总书记在听取青岛"11·22"事故情况汇报时强调，要坚持管行业必须管安全、管业务必须管安全、管生产经营必须管安全。中央办公厅《督促检查情况》（2016年第1期）"完善体制机制防范化解风险　着力促进安全生产形势根本好转"调研报告也指出，当前行业监管边界不清、安监部门与行业主管部门责任划分不合理，亟须完善安全监管体制机制。对此，一些地方已进行了积极探索，如广东省针对深圳"12·20"特别重大事故暴露出的安全监管职责不清等问题，在厘清相关部门职责的基础上，用"三定"规定予以明确。《意见》明确按照"三个必须"的原则和"谁主管谁负责"的原则，厘清综合监管与行业监管的关系，明确各有关部门安全生产和职业健康工作职责，并落实到部门工作职责规定中，实现职责法定化。

2. 明确安全生产监督管理部门的责任。《安全生产法》明确了安全生产监督管理部门的"综合监管"地位，但未明确界定其具体内涵，从而形成"综合监管"就是"无所不管"误区。对此，《意见》提出安全生产监督管理部门的具体责任，即负责安全生产法规标准和政策规划制定修订、执法监督、事故调查处理、应急救援管理、统计分析、宣传教育培训等综合性工作，承担职责范围内行业领域安全生产和职业健康监管执法职责。这一规定切实解决基层反映的综合监管概念不清、边界模糊的问题。

3. 明确负有安全生产监督管理职责的有关部门责任。现行的 30 多部安全生产相关法律法规，明确了负有安全监管职责的部门在各自职责范围内独立承担安全监管职责。一方面，道路交通、铁路交通、水上交通、民航、建设、消防、电力、特种设备、核与辐射、旅游和教育等行业领域的安全监管，相应有《道路交通安全法》《铁路法》《海上交通安全法》《内河水上交通安全条例》《民用航空法》《建筑法》《消防法》《电力法》《特种设备安全法》《核安全法》《旅游法》《校车安全管理条例》等专门的法律法规赋予了相关部门的安全监管执法主体地位。另一方面，《安全生产法》赋予了所有负有安全监管职责部门行政执法权，依法对本行业领域实施安全生产行政处罚。《意见》也明确了负有安全监管职责的部门依法依规履行本行业领域安全生产和职业健康监管职责，强化监管执法。

4. 明确其他行业领域主管部门的责任。习近平总书记强调，行业主管部门对本行业领域的安全生产负有直接监管责任。作为主管部门虽然不是监管执法部门，但负有安全管理责任，按照"管行业必须管安全"原则，行业主管部门在履行行业管理职责的同时，也需要切实管好安全生产工作。《意见》提出，其他行业领域主管部门要从行业规划、产业政策、法规标准、行政许可等方面加强行业安全生产工作，指导督促企事业单位加强安全管理。

5. 明确党委和政府其他有关部门的责任。《意见》提出党委和政府其他有关部门要在职责范围内为安全生产工作提供支持保障，共同推进安全发展，这就要求组织、宣传、发展改革、财政、科技、工商等党委和政府其他有关部门，在负责干部考核、宣传教育、责任追究、产业政策、安全投入、科技装备、市场监管等方面要统筹考虑安全生产工作，落实各项支持政策措施。

（六）严格落实企业主体责任

【原文】>>>>>>

企业对本单位安全生产和职业健康工作负全面责任，要严格履行安全生产法定责任，建立健全自我约束、持续改进的内生机制。企业实行全员安全生产责任制度，法定代表人和实际控制人同为安全生产第一责任人，主要技术负责人负有安全生产技术决策和指挥权，强化部门安全生产职责，落实一岗双责。完善落实混合所有制企业以及跨地区、多层级和境外中资企业投资主体的安全生产责任。建立企业全过程安全生产和职业健康管理制度，做到安全责任、管理、投入、培训和应急救援"五到位"。国有企业要发挥安全生产工作示范带头作用，自觉接受属地监管。

【导读】 >>>>>>

围绕企业这个安全生产责任主体，按照安全生产相关法律法规要求，针对一些事故暴露出的突出问题，借鉴国内外安全管理有效经验做法，《意见》从制度措施、责任规定等方面提出明确要求，严格落实企业主体责任。

1. 强调企业对本单位安全生产和职业健康工作负全面责任。目前，企业主体责任不落实的问题突出，如吉林德惠"6·3"特别重大火灾爆炸事故暴露出宝源丰公司在厂房建设过程中偷工减料，从未组织开展过安全宣传教育，没有建立健全、更没有落实安全生产责任制，未按照有关规定对重大危险源进行监控，未对存在的重大隐患进行排查治理等主体责任不落实的问题。习近平总书记强调，所有企业都必须认真履行安全生产主体责任，确保安全生产。《安全生产法》第五条明确规定，生产经营单位的主要负责人对本单位的安全生产工作全面负责。《职业病防治法》第六条明确规定，用人单位的主要负责人对本单位的职业病防治工作全面负责。对此，《意见》强调企业对本单位安全生产和职业健康工作负全面责任，并严格履行法定职责。

2. 建立企业落实安全生产主体责任的机制。一是建立健全企业自我约束、持续改进的内生机制。自我约束、持续改进是国内外先进安全管理模式的精髓，也是企业安全管理有效经验和方法的总结。必须推动企业由他律变自律，并通过高标准、严要求，持续循环改进，不断提升企业安全管理水平。二是建立企业全过程安全生产和职业健康管理制度。生产安全问题伴随生产经营全过程，企业生产经营的每个工序、每个环节、每个阶段都涉及安全生产和职业健康问题，要明确每个工序、每个环节、每个阶段的安全生产与职业健康责任，做到安全责任、管理、投入、培训和应急救援"五到位"，从而实现全过程的安全与健康。

3. 强调企业实行全员安全生产责任制度。一是明确企业法定代表人和实际控制人同为安全生产第一责任人。一般情况下，企业法定代表人由董事长或总经理担任，也是企业实际控制人。但是，一些企业特别是一些中小企业的法定代表人背后往往另有实际控制人，他们对企业的重大事项有最终的决策权。对此，《意见》明确法定代表人和实际控制人同为安全生产第一责任人，负有同等责任。二是明确企业主要技术负责人负有安全生产技术决策和指挥权，强化部门安全生产职责。安全生产专业性特点突出，近年来发生的一些重特大生产安全事故，集中暴露出企业存在一些安全技术管理问题。为此，《意见》强调企业主要技术负责人负有安全生产技术决策和指挥权。同时，鉴于企业安全生产工作不单单是安全管理部门、安全管理人员的责任，企业每一个部门、每一个岗位、每一个员工都不同程度地直接或间接地影响安全生产，《意见》提出强化部门安全生产职责，落实"一岗双责"，齐抓共管，把全体员工积极性和创造性调动起来，形成人人关心安全生产，人人提升安全素质，人人做好安全生产的局面，从而提升企业整体安全生产水平。

4. 提出完善落实混合所有制企业，跨地区、多层级和境外中资企业投资主体的安全生产责任。当前，一些国有企业改制发展成为混合所有制企业。随着企业生产经营规模的扩大，一些跨行业、跨地区乃至跨国的大型企业集团不断产生，管理层级多、责任链长。从一些重特大生产安全事故反映的情况看，企业重投资效益、轻安全管理的问题突出。面对投资主体多元化趋势，明确企业投资主体具有安全生产责任，可有效防止主体责任不落实、有空当。因此，这些企业的母公司作为投资主体，必须对其兼并、控股、参股的子公司和分公司承担相应的安全管理责任。

5. 强调国有企业要发挥安全生产工作示范带头作用，自觉接受属地监管。习近平总书记强调，中央企业要带好头做表率，一定要提高安全管理水平，给全国企业做标杆。国有企业作为推进国家现代化、保障人民共同利益的重要力量，是我们党和国家事业发展的重要物质基础和政治基础，必须率先垂范，抓好安全生产工作，积极履行社会责任。同时，根据《国务院关于进一步加强企业安全生产工作的通知》

（国发〔2010〕23 号）关于强化企业安全生产属地管理的规定和《国家安全监管总局　国务院国资委关于进一步加强中央企业安全生产分级属地监管的指导意见》（安监总办〔2011〕75 号）关于中央企业所属各级企业主动接受地方政府及有关部门的监管和指导的要求。《意见》强调国有企业要自觉接受属地监管。

（七）健全责任考核机制

【原文】 >>>>>>

建立与全面建成小康社会相适应和体现安全发展水平的考核评价体系。完善考核制度，统筹整合、科学设定安全生产考核指标，加大安全生产在社会治安综合治理、精神文明建设等考核中的权重。各级政府要对同级安全生产委员会成员单位和下级政府实施严格的安全生产工作责任考核，实行过程考核与结果考核相结合。各地区各单位要建立安全生产绩效与履职评定、职务晋升、奖励惩处挂钩制度，严格落实安全生产"一票否决"制度。

【导读】 >>>>>>

加强安全生产考核是强化责任落实的重要手段。

本条从建立完善安全生产考核评价体系、加大安全生产在社会治安综合治理和精神文明建设等考核中的权重、实行严格的安全生产责任考核制度、建立安全生产绩效考核的激励约束制度等方面提出要求。

1. 建立完善安全生产考核评价体系。考核是促进安全生产责任落实的重要手段，建立科学的考核评价体系是安全生产责任考核的基础。随着经济社会的发展和安全生产工作的进步，安全生产考核评价体系也应与时俱进，调整优化，建立与全面建成小康社会相适应和体现安全发展水平的考核评价体系，科学设计考核指标、权重和模型，充分体现安全生产绩效考核的科学性、系统性、合理性。

2. 加大安全生产在社会治安综合治理、精神文明建设等考核中的权重。目前，安全生产已经纳入了社会治安综合治理和精神文明建设等考核体系，但存在指标设计不合理、权重偏低、激励作用不强等问题。十八届三中全会明确要求加大安全生产考核权重。为充分调动各方工作积极性，加强安全生产工作，《意见》提出完善相关考核制度，强化考核的激励推动作用。

3. 建立各级人民政府对同级安全生产委员会成

员单位和下级政府考核制度。为严格落实安全生产委员会成员单位和各级政府的安全生产责任落实，有效防范和遏制生产安全事故，《意见》明确提出建立安全生产工作责任考核制度。今年国务院办公厅已经印发了《省级政府安全生产工作考核办法》，国务院安全生产委员会出台了 2016 年度考核细则，明确了基本标准和工作要求。下一步要研究制定对安全生产委员会成员单位的考核办法和细则。同时，考虑到目前实施的安全生产控制指标考核，主要是结果考核，导致一些地方在安全生产工作考核中，往往重结果考核、轻过程考核，缺少对重点工作落实情况的考核。为进一步激励各地区各部门加强安全生产工作的责任心和积极性，改变目前只重结果的考核办法，在总结有关地区经验的基础上，提出坚持过程考核与结果考核相结合。

4. 建立安全生产绩效考核的激励约束机制。为充分发挥安全生产绩效考核的激励约束作用，推动各级各部门各单位牢固树立"抓发展是政绩，抓安全生产也是政绩""抓不好发展是失职，抓不好安全生产也是失职"的意识，调动各方面的积极性、主动性和创造性，强化安全生产责任落实。《意见》明确提出建立安全生产绩效与业绩评定、职务晋升、奖励惩处挂钩制度，严格实行安全生产"一票否决"制度，各级各部门将据此进一步完善相关制度，强化领导干部的安全生产意识和组织领导责任。

（八）严格责任追究制度

【原文】 >>>>>>

实行党政领导干部任期安全生产责任制，日常工作依责尽职、发生事故依责追究。依法依规制定各有关部门安全生产权力和责任清单，尽职照单免责、失职照单问责。建立企业生产经营全过程安全责任追溯制度。严肃查处安全生产领域项目审批、行政许可、监管执法中的失职渎职和权钱交易等腐败行为。严格事故直报制度，对瞒报、谎报、漏报、迟报事故的单位和个人依法依规追责。对被追究刑事责任的生产经营者依法实施相应的职业禁入，对事故发生负有重大责任的社会服务机构和人员依法严肃追究法律责任，并依法实施相应的行业禁入。

【导读】 >>>>>>

围绕严格责任追究，《意见》提出实行党政领导干部任期安全生产责任制、依法依规制定各有关部门安全生产权力清单和责任清单、建立企业生产经营全过程安全责任追溯制度、严肃查处安全生产领域的腐败行为、严格事故直报制度、实施两个"禁入"等制度措施，旨在强化责任落实。

1. 实行党政领导干部任期安全生产责任制。生产安全事故涉及规划布局、行政审批等方面的问题，这些问题往往在事故发生后才能暴露出来。如深圳"12·20"事故调查处理中，深圳市原副市长和光明新区原党工委书记虽然在事发时已离任，但由于在任时对事故的发生负有责任，仍需依法依规追究其责任。为进一步落实党政干部安全生产领导责任，专门提出建立这一制度，目的是强化任期内的安全生产责任，做到为官一任，造福一方。同时，针对安全生产责任追究不规范的问题，提出日常工作依责尽职、发生事故依责追究。

2. 依法依规制定各有关部门安全生产权力和责任清单。十八届三中全会提出，推行地方各级政府及其工作部门权力清单制度，依法公开权力运行流程。十八届四中全会再次提出，依法全面履行政府职能，推进机构、职能、权限、程序、责任法定化，推行政府权力清单制度。为此,《意见》提出依法依规建立负有安全生产监督管理职责部门和其他有关部门及岗位的权力和责任清单,切实做到监管有依据、问责有出处。

3. 建立企业生产经营全过程安全责任追溯制度。安全生产工作的全过程,包括项目立项、规划、设计、施工、生产的不同环节以及储存、使用、销售、运输、废弃处置等环节,某一个环节出现漏洞都可能引发严重事故,如天津港"8·12"事故暴露出了安全管理存在重大缺失和漏洞,企业生产经营上下游全链条各个环节、各个关口对安全防范层层失守,安全责任惩戒不力的问题。为强化重特大事故责任倒查问责,要求企业要建立完整的安全生产责任链条,加强全过程安全管理。

4. 严肃查处安全生产领域的腐败行为。一些事故暴露出,有些地方和单位在安全生产工作中仍存在权钱交易等腐败行为,导致违法违规的项目和行政许可通过审批、违法行为未被处理,埋下了事故隐患。如天津港"8·12"事故调查中发现,瑞海公司通过送钱、送购物卡(券)等不正当手段,使不符合法律法规要求的项目获得行政审批,形成了重大事故隐患，最终导致事故发生，给人民群众生命财产带来巨大损失。为此，《意见》强调要严肃查处安全生产领域项目审批、行政许可、监管执法中的失职、渎职和权钱交易等腐败行为。

5. 严格事故直报制度。一些地方事故统计工作存在上报不及时、信息不完善、协调难度大等问题。事故发生后，事故单位和事故责任人瞒报、谎报、漏报和迟报事故的现象时有发生。如 2016 年宁夏石嘴山煤矿"9·27"爆炸事故，矿方未按规定上报，瞒报事故；2013 年湖南省冷水江市接连发生 2 起煤矿较大生产安全事故且瞒报事故，性质恶劣。《国务院关于进一步加强企业安全生产工作的通知》（国发〔2010〕23 号）提出对瞒报事故、事故后逃逸等情节特别恶劣的，依法从重处罚。《国家安全监管总局关于印发生产经营单位瞒报谎报事故行为查处办法的通知》（安监总政法〔2011〕91 号），强调严肃查处瞒报谎报生产安全事故的行为，促进生产经营单位及其人员依法依规报告生产安全事故。为进一步提高事故报告统计工作的及时性、规范性、完整性，《意见》进一步强调，要严格事故直报制度，同时强调对瞒报、谎报、漏报和迟报事故的单位和个人依法依规追责。

6. 实施两个"禁入"。针对一些事故反映出的企业主体责任不落实的问题和社会服务机构弄虚作假，违法违规进行安全审查、评价和验收等行为，为进一步强化生产经营者和社会服务机构落实安全生产责任，《意见》严肃提出，对被追究刑事责任的生产经营者实施相应的职业禁入，对事故发生负有重大责任的社会服务机构和人员依法严肃追究法律责任，并实施相应的行业禁入。这意味着上述机构和个人将失去在该领域的谋生资格和权利。该措施将有助于提高相关机构和个人对职业声誉及信用的珍惜意识，提高违法成本，强化责任落实。

第三章

改革安全监管监察体制

◎完善监督管理体制

◎改革重点行业领域安全监管监察体制

◎进一步完善地方监管执法体制

◎健全应急救援管理体制

【背景】

党的十八届三中全会提出，要深化行政执法体制改革，推进综合执法，着力解决权责交叉、多头执法问题，建立权责统一、权威高效的行政执法体制，并明确要深化安全生产管理体制改革，加强安全生产基层执法力量。习近平总书记强调，要在体制机制上认真考虑如何改变和完善。如果顶层设计存在监管盲区，不完善，就会造成问题。

新中国成立以来，我国安全生产监管体制不断发展变化。1949 年 11 月，中央人民政府设立劳动部，劳动部下设劳动保护司，专门负责厂矿安全生产工作；其他产业主管部门也相继设立了劳动保护和安全生产专门工作机构，全国初步建立起由劳动部门综合监管、行业部门具体管理的安全生产监管体制。以后，这一体制几经变迁。1998 年 6 月，国务院机构改革，原劳动部承担的安全生产综合管理职能和安全监察职能划归国家经贸委，组建安全生产局。1999 年 12 月，国务院批准成立国家煤矿安全监察局，承担原国家经贸委负责的煤矿安全监察职能。2001 年 2 月，原国家经贸委组建国家安全生产监督管理局，与国家煤矿安全监察局"一个机构、两块牌子"。2003 年 3 月，国家安全生产监督管理局成为国务院直属机构，2005 年升格为国家安全生产监督管理总局，全国逐步形成了国家、省、市、县四级安全生产综合监管加部门监管的条块结合的监管体制。由于我国安全生产管理体制历经多次变革，目前的监管监察体制建立时间不长，在实际运行中仍然存在安全生产综合监管职责定位不明确，行业监管边界不清晰，安全生产监管职能存在交叉或漏洞，危险化学品等高危行业领域监管力量薄弱，一些海油开采、港口企业安全监管政企不分，功能区安全生产监管机构不完善，基层监管执法人员力量不足等问题。

针对当前安全生产监管监察体制存在的问题，按照精简、统一、效能原则，借鉴国内部分地区安全生产领域改革创新实践，社会治安综合治理、城市执法、文化市场综合执法等行业领域体制改革的有效做法，以及国外安全生产监管的先进经验，《意见》就完善监督管理体制、改革重点行业领域安全生产监管监察体制、进一步完善地方监管执法体制、健全应急救援管理体制4个方面提出安全生产监管监察体制改革的基本思路。

（九）完善监督管理体制

【原文】 >>>>>>

加强各级安全生产委员会组织领导，充分发挥其统筹协调作用，切实解决突出矛盾和问题。各级安全生产监督管理部门承担本级安全生产委员会日常工作，负责指导协调、监督检查、巡查考核本级政府有关部门和下级政府安全生产工作，履行综合监管职责。负有安全生产监督管理职责的部门，依照有关法律法规和部门职责，健全安全生产监管体制，严格落实监管职责。相关部门按照各自职责建立完善安全生产工作机制,形成齐抓共管格局。坚持管安全生产必须管职业健康,建立安全生产和职业健康一体化监管执法体制。

【导读】 >>>>>>

当前的安全生产监督管理体制主要是在各级党委和政府的统一领导下，安全生产监督管理部门履行综合监管职责，负有安全生产监督管理职责的部门负责本行业领域安全监管工作，其他相关部门为安全生产工作提供支持和保障。在这一框架下，《意见》从安全生产委员会、安全生产监督管理部门、负有安全生产监督管理职责的部门、其他相关部门等四个层面对安全生产监督管理体制进行顶层设计，并对安全生产与职业健康一体化监管执法体制提出明确要求。

1. 各级安全生产委员会加强组织领导与统筹协调。安全生产委员会是各级党委和政府组织领导安全生产工作的协调议事机构。根据《国务院办公厅关于成立国务院安全生产委员会的通知》（国办发〔2003〕89号），国务院成立安全生产委员会，主任由国务院副总理担任。全国各地也普遍成立了安全生产委员会，多数由政府一把手任主任，对于指导推动本地区安全生产工作的发挥了不可或缺的重要作用。安全生产工作涉及面广，包括矿山、危险化学品、烟花爆竹、建筑施工、道路交通、水上交通、特种设备等诸多行业领域，关系到诸多部门单位，组织任务重，协调难度大。必须充分发挥各级安全生产委员会的组织领导与统筹协调作用：一是加强组织领导，研究部署本地区安全生产工作；指导各有关部门单位切实履职尽责，形成齐抓共管的局面。二是加强统筹协调，分析安全生产形势，提出安全生产工作政策措施，切实解决存在的突出矛盾和问题。

2. 各级安全生产监督管理部门履行综合监管职责。《安全生产法》第九条规定，县级以上地方各级人民政府安全生产监督管理部门对本行政区域内安全生产工作实施综合监督管理，但对其具体职责及履职方式尚无统一明确的规定，根据《安全生产法》《国务院办公厅关于印发国家安全生产监督管理总局主要职责内设机构和人员编制规定的通知》（国办发〔2008〕91号），结合安全监管工作需要，《意见》明确各级安全生产监督管理部门的综合监管职责主要包括两个方面：一是承担本级安全生产委员会日常工作；二是指导协调、监督检查、巡查考核本级政府有关部门和下级政府安全生产工作。

3. 各负有安全生产监督管理职责的部门严格落实监管职责。依据《安全生产法》《国务院安全生产委员会关于印发〈国务院安全生产委员会成员单位安全生产工作职责分工〉的通知》（安委〔2015〕5号），安监、公安、住建、交通运输、水利、质检等负有安全生产监督管理职责的部门作为各自行业领域安全生产监督管理的责任主体，要切实履行安全生产监管职责。如湖南省凤凰县堤溪沱江大桥"8·13"特别重大坍塌事故暴露出地方建设、质检等部门对工程建设立项审批、招投标、质量和安全等方面工作监管不力等问题；吉林德惠"6·3"火灾事故暴露出地方消防、建设等部门安全生产监管缺失等问题。对此，各负有安全生产监督管理职责的部门必须按照"管行业必须管安全、管业务必须管安全、管生产经营必须管安全"的原则和"党政同责、一岗双责、齐抓共管、失职追责"的要求，依照有关法律法规和部门职责，健全完善安全生产监管体制：一是落实部门领导责任，各负有安全生产监督管理职责的部门党政主要负责人对安全生产工作负总责，领导班子成员要在各自分管领域各负其责；二是落实本行业领域安全生产监管责任，健全工作机构、明确工作职责、充实专业力量；三是按照"谁主管、谁负责""谁审批、谁负责"的原则，健全本行业领域安全生产责任体系，落实安全生产工作考核奖惩、"一票否决"等制度；

四是落实日常监督检查和指导督促职责，加强本行业领域安全生产监管执法，做好有关事故预防控制、应急抢险救援等工作，督促企业落实安全生产主体责任。

4. 各相关部门建立完善安全生产工作机制。安全生产关系到诸多政府部门，除了安监、住建、交通运输、公安、质检等负有安全生产监督管理责任的部门，还涉及发展改革、科技、财政、工商、宣传、机构编制等其他相关部门和单位。这些相关部门要建立完善安全生产工作机制，强化安全生产责任落实，切实履行安全生产相关工作职责，为安全生产工作提供支持和保障，形成通力协作、齐抓共管的工作格局。

5. 建立安全生产与职业健康一体化监管执法体制。发达国家安全生产整体水平较高，政府职业安全健康工作重点已由预防伤亡事故转向预防职业病，美国、英国、澳大利亚、韩国、南非等国家普遍成立统一的职业安全健康监管机构，实行安全生产与职业健康一体化监管。我国职业健康监管原由卫生部门负责，根据《国务院办公厅关于印发国家安全生产监督管理总局主要职责内设机构和人员编制规定的通知》（国办发〔2008〕91号），工矿商贸作业场所职业卫生监督检查职责转由国家安全监管总局承担，《关于职业卫生监管部门职责分工的通知》（中央编办发〔2010〕104号）进一步明确国家安全监管总局负责用人单位职业卫生监督检查工作。目前，各级安全生产监督管理部门逐步建立了职业健康监管机构、充实了执法人员，但仍然存在监管体系不完善、监管力量不足、与安全生产存在重复执法等问题。此外，随着我国生产安全事故总量的逐年下降，职业健康将越来越得到重视，监管任务也将越来越重，安全生产监督管理部门将难以独立承担各行业领域职业健康监管工作。坚持管安全生产必须管职业健康的原则，建立一体化监管执法体制，明确各行业领域职业健康监管职责由各负有安全生产监督管理职责的部门承担，即安监、住建、交通运输、工信等负有安全生产监督管理职责的部门在负责本行业领域安全生产监管工作的同时，也要履行职业健康监管工作职责，积极稳妥、有序推进在行政许可、执法检查、标准化建设、教育培训等方面实现一体化监管，有利于整合执法力量，提高执法效能，减轻企业负担，并逐步实现与国际接轨。

（十）改革重点行业领域安全监管监察体制

【原文】 >>>>>>

依托国家煤矿安全监察体制，加强非煤矿山安全生产监管监察，优化安全监察机构布局，将国家煤矿安全监察机构负责的安全生产行政许可事项移交给地方政府承担。着重加强危险化学品安全监管体制改革和力量建设，明确和落实危险化学品建设项目立项、规划、设计、施工及生产、储存、使用、销售、运输、废弃处置等环节的法定安全监管责任，建立有力的协调联动机制，消除监管空白。完善海洋石油安全生产监督管理体制机制，实行政企分开。理顺民航、铁路、电力等行业跨区域监管体制，明确行业监管、区域监管与地方监管职责。

【导读】 >>>>>>

针对部分行业领域安全监管监察体制不健全、存在职能交叉或监管漏洞等问题，本条对矿山、危险化学品、海洋石油以及民航、铁路、电力等重点行业领域安全监管监察体制改革作出安排部署。

1. 改革矿山安全监管监察体制。1999 年我国建立了垂直管理的煤矿安全监察体制，为全国煤矿安全生产形势持续稳定好转发挥了重要作用，煤矿事故死亡人数由 2000 年的 5700 多人下降到 2015 年的 598 人。同时，小煤矿大量关闭，全国煤矿数量由 2000 年的 8 万多处减少到目前不足 1 万处。另一方面，非煤矿山实行属地监管。全国目前有 7 万多处非煤矿山，2015 年事故死亡人数为 573 人，但监管力量较为薄弱。依托国家煤矿安全监察体制，可以发挥煤矿安全监察机构和专业队伍（现在煤监系统有 27 个省级煤监机构，76 个煤监分局，编制 2700 多名，实有 2600 余人）的优势，将与煤矿开采技术工艺类似的非煤矿山纳入国家监察范畴，建立事权明晰、权责统一、权威高效的矿山安全与健康监察体制，实行煤矿与非煤矿山一体化监察执法，有利于提升矿山尤其是非煤矿山的安全生产水平。具体到各个地区，由于矿山数量与分布情况各不相同，地区间监察力量分布也有较大差异。有必要对目前的监察机构进行调整，根据各地区矿山数量、分布、产能、交通、灾害及安全管理水平等情况，优化省局和分局布局，调整执法力量，重点充实监察分局的一线执法人员，与辖区内监察执法任务相适应。可在部分地区先行试点，成熟后在全国范围内推广。

此外，目前煤矿安全监察机构承担部分煤矿安全生产行政许可事项，既当"裁判员"，又当"运动员"，而地方煤矿安全监管部门缺少相应的行政许可权，不利于发挥地方监管积极性。国家煤矿安全监察机构应当将其负责的安全生产许可、安全设施设计审查、主要负责人和安全管理人员资格认定等行政许可事项全部移交给地方政府，一方面可以把重点放在对地方政府监督检查和对煤矿企业的监察执法上，另一方面可以进一步强化和落实地方政府的监管职责。

2. 改革危险化学品安全监管体制。我国是世界第一化工大国，有各类危险化学品近 3 万种、企业30 多万家，有 20 多个部门具有安全监督管理职责，但监管力量却十分薄弱。天津港"8·12"事故暴露出危险化学品安全监管体系不严密，交通运输、安监、海关等多个部门安全监管出现漏洞，甚至政企不分等问题。为进一步加强对危险化学品的安全管理，必须着力改革完善危险化学品监督管理体制。一是着重加强监管机构和力量建设，强化重点地区（重点市县、化工园区及化工聚集区等）危险化学品安全监督管理机构建设，强化基层执法力量，配齐专业监管执法人员。二是研究制定相关部门危险化学品安全监管责任分工，明确和落实危险化学品建设项目立项、规划、设计、施工及生产、储存、使用、销售、运输、废弃处置等各个环节的安全监管责任，明确安全监管部门负责危险化学品安全综合监督管理工作，进一步落实发展改革、工信、公安、环保、住建、交通运输、商务、海关、工商、质检、国资等部门法定监管职责，建立部门权力清单和责任清单，消除监管责任空白。三是充分发挥危险化学品安全监管部际联席会议作用，建立更加有力的协调联动机制，分析危险化学品安全生产形势，指导危险化学品安全监管工作，研究提出有关政策建议，协调解决危险化学品安全监管工作的重大问题，确保各部门相互配合、相互支持、形成合力。

3. 完善海洋石油安全生产监督管理体制。目前，安全监管部门负责海洋石油安全监管工作，但没有出海监管的装备和条件。在中国海油、中国石油和中国石化等中央企业设立的海洋石油作业安全办公室有关分部及地区监督处存在政企不分、不具备行政执法主体资格、监管力量不足等问题。必须完善海洋石油安全生产监督管理体制机制，实现政企分开，提高监管执法效能和权威性。

4. 理顺民航、铁路、电力等行业跨区域监管体制。民航、铁路、电力等行业全部或部分实行跨区域垂直管理体制，有的与地方属地监管存在职责交叉、多头管理等问题。电力方面，驻省能源监管办公室作为国家能源管理部门的派出机构，负责电力运行安全、电力工程施工安全、工程质量安全监管和电力业务许可证的发放监管，但由于在市县一级没有管理机构，难以承担监管职责；同时，有的省政府规定本省电力主管部门（经信委或能源局）对电力企业履行属地监管职责，一定程度上造成职能交叉或监管缺位的问题。铁路方面，国家铁路局在全国设有区域监管机构，负责铁路安全监管，有的省份铁路安全监管工作涉及多个区域监管机构，但这些机构均不在该地，综合监管和协调难度大。民航方面，中国民航局在全国设有地区管理局及省监管局，负责民航飞行安全和地面安全监管、民用机场建设和安全运行监管等，但一些地方民用机场在净空安全、生产经营单位安全生产等方面存在行业监管与属地综合监管职责不清、协调机制不健全等问题。对此，要理顺民航、铁路、电力等行业跨区域监管体制，按照相关法律法规及部门责任规定，明确行业监管、区域监管与地方综合监管职责分工，由行业监管及区域监管部门负责本行业领域安全生产行政许可、检查执法、教育培训等行业监管工作，地方安全监管部门负责指导协调、监督检查、巡查考核、重特大生产安全事故调查等综合监管工作。同时，要建立沟通协调与应急联动机制，加强信息交流与工作协作，及时解决发现的矛盾和问题。

（十一）进一步完善地方监管执法体制

【原文】>>>>>

地方各级党委和政府要将安全生产监督管理部门作为政府工作部门和行政执法机构，加强安全生产执法队伍建设，强化行政执法职能。统筹加强安全监管力量，重点充实市、县两级安全生产监管执法人员，强化乡镇（街道）安全生产监管力量建设。完善各类开发区、工业园区、港区、风景区等功能区安全生产监管体制，明确负责安全生产监督管理的机构，以及港区安全生产地方监管和部门监管责任。

【导读】>>>>>

各级安全生产监督管理部门是地方政府履行安全生产监管责任的主体。完善地方安全生产监管体制，加强基层监管队伍建设，对于强化监督管理与执法检查，落实企业安全生产主体责任，具有重要意义。本条重点从地方安全生产监督管理机构人员及功能区监管体制两个方面对地方安全生产监管执法体制改革提出明确要求。

1. 加强地方安全生产监督管理机构与执法队伍建设。《国务院办公厅关于加强安全生产监管执法的通知》(国办发〔2015〕20号) 要求，地方各级人民政府要将安全生产监管执法机构作为政府行政执法机构。目前，我国安全生产监管体制基本建立，但仍存在不完善、不适应的问题。据统计，省、市、县三级安全生产监督管理部门人员平均编制分别为83.2名、28.8名、15.4名，其中事业编制约占28%；安全生产专门执法机构（省级总队、市级支队、县级大队）人员平均编制分别为20.8名、14.5名和10.8名，其中事业编制约占82.3%，部分区县、乡镇（街道）安全生产监督管理机构不健全，基层安全生产监管人员力量薄弱，有的基层安全生产监督管理部门甚至无人有执法证，监管能力不足的问题较为突出，不能有效履行监管执法职能。按照十八届三中全会关于强化安全生产基层执法力量的要求，地方各级党委和政府必须切实加强安全生产监督管理机构与执法队伍建设。一是将安全生产监督管理部门作为政府工作部门，并纳入行政执法序列，确立其执法主体的地位。二是加强安全生产执法机构和队伍建设，强化行政执法职能，提高执法权威性。三是加强安全生产监管力量，统筹政府行政执法人员编制，重点充实市、县两级一线安全生产监管执法人员，将日常行政执法工作重心下移至基层一线。四是强化乡镇（街道）安全生产监管力量，加强安全生产监督检查，协助上级政府有关部门履行安全生产监管职责，安全生产任务重的乡镇和街道可设立安全生产监督管理机构，在行政村（社区）设立安全生产协管员，积极探索实行派驻执法、跨区域执法、委托执法和政府购买安全服务等方式，加大基层执法力度。

2. 完善功能区安全生产监管体制。改革开放以来，我国各类功能区发展迅速，聚集了众多企业，成为推动经济快速发展的重要力量。据统计，全国目前有3300多个开发区，近50%没有专门的安全生产监督管理机构，监管体制不健全、条块交叉、职责不清、责任不落实以及政企不分、监管力量薄弱甚至缺位等问题十分突出。天津港"8·12"事故也暴露出港区安全生产地方监管和部门监管责任不清的问题。习近平总书记强调，要强化开发区、工业园区、港区等功能区安全生产监管。必须完善各类开发区、工业园区、港区、风景区等功能区安全生产监管体制。一是明确负责功能区安全生产监督管理的机构，落实属地政府的安全生产监管的职责。二是明确港区安全生产地方监管和部门监管责任，解决行业和属地监管责任不落实、政企不分、存在监管漏洞等问题。

（十二）健全应急救援管理体制

【原文】>>>>>>

按照政事分开原则，推进安全生产应急救援管理体制改革，强化行政管理职能，提高组织协调能力和现场救援时效。健全省、市、县三级安全生产应急救援管理工作机制，建设联动互通的应急救援指挥平台。依托公安消防、大型企业、工业园区等应急救援力量，加强矿山和危险化学品等应急救援基地和队伍建设，实行区域化应急救援资源共享。

【导读】>>>>>>

应急救援是安全生产的最后一道防线，对维护人民群众生命安全、降低事故损失具有重要作用。习近平总书记指出，要加强应急救援工作，最大限度减少人员伤亡和财产损失。本条在总结多年来生产安全事故应急救援经验及教训的基础上，着重从管理体制、工作机制、队伍力量三个方面改革当前应急救援管理体制。

1. 推进安全生产应急救援管理体制改革。根据《国务院关于进一步加强安全生产工作的决定》（国发〔2004〕2 号）和国家安全生产应急救援指挥中心"三定"规定，国家安全生产应急救援指挥中心是国务院安全生产委员会办公室领导、国家安全监管总局管理的机构，具体承担安全生产事故灾难应急管理工作，履行全国安全生产应急救援综合监督管理行政职能。但是国家安全生产应急救援指挥中心作为事业单位，应急救援组织协调力不强，难以有效履行行政管理职能。此外，全国安全生产应急救援管理体制尚不完善，仍有大约 10% 的地市、60% 的县区没有设立安全生产应急救援管理机构。对此，《意见》对安全生产应急救援管理体制改革提出要求。一是按照"政事分开"的原则，推进国家安全生产应急救援指挥中心改革，明确机构性质，强化行政管理职能，提高应急管理能力。二是要建立完善省、市、县三级安全生产应急救援管理机构，明确机构性质及职责，健全相关工作机制，强化应急管理与处置职能。

2. 健全安全生产应急救援协调联动机制。习近平总书记指出，要认真组织研究应急救援规律，加强相应技术装备和设施建设。目前，全国范围内安监系统主导建设的安全生产应急救援平台已有一定基础，但是互联互通不够。特别是安全生产应急救援平台尚未与公共安全管理信息平台对接，不能在更大范围、更高层次整合应急信息与救援资源。此外，就全国范围来看，我国虽然积累了不同层次和种类而且具有一定体量的应急救援装备和物资，但是由于隶属关系复杂、调用机制不畅等原因，资源利用率不高，短时间难以调集，影响救援工作效率。对此，京津冀地区先试先行，已正式启动安全生产联防联控体系建设。到2018年，三地将建成安全生产区域一体化应急网络，实现重特大生产安全事故风险区域预测预警，应急救援统一调度、联合处置、力量互补、信息共享。针对目前存在的问题，借鉴各地探索实践，《意见》提出健全安全生产应急救援协调联动机制。一是建设联动互通的应急救援指挥平台，完善各级安全生产应急救援数据库及模拟分析、通信决策、资源管理等子系统，建设重点行业领域和区域应急救援联动指挥与决策平台，加强跨部门、跨地区信息交流与共享，强化应急救援指挥机构与事故现场的远程通信指挥保障，提高响应和救援效率。二是实行区域化应急救援资源共享，各级政府要建立健全应急装备物资储备保障制度和资源信息库，加强与物资储备主管部门、大型装备生产企业、相关救援队伍的沟通衔接，建立重要应急装备物资的生产、储备、监管、调用和紧急配送体系，完善应急救援队伍所需的救援车辆与物资装备，重点加强国际先进、安全可靠、机动灵活、实用性强的专业救援设备装备。

3. 加强安全生产应急救援基地和队伍建设。我国安全生产应急救援体系建设起步较晚，山东青岛"11·22"、天津港"8·12"和东方之星"6·1"等事故事件，都暴露出大型应急救援基地建设滞后，队伍专业化、职业化、现代化水平不高，布局不合理等问题，尤其是危险化学品领域尚未形成完整的应急救援体系。在很多地方，公安消防队伍仍是事故救援的主力，专业性不够突出。必须加强重点行业领域应急救援基地和队伍建设。要结合产业发展、环境条件和事故态势，开展国家和区域安全生产应急救援力量需求评估，针对现有救援力量难以覆盖的区域，依托公安消防、大型企业、工业园区等应急救援力量，整合和加强现有救援队伍，培育专业化救援组织，积极推进矿山、危险化学品、油气管道、交通运输、医疗救护等重点行业领域及重点地区应急救援基地和队伍建设，扩大空间覆盖范围，增强专业救援能力。

第四章

大力推进依法治理

◎ 健全法律法规体系

◎ 完善标准体系

◎ 严格安全准入制度

◎ 规范监管执法行为

◎ 完善执法监督机制

◎ 健全监管执法保障体系

◎ 完善事故调查处理机制

【背景】

依法治国是"四个全面"战略布局的重要组成部分。党的十八届四中全会对依法治国做出全面部署，并明确要求依法强化影响安全生产等重点问题治理。习近平总书记强调指出，必须强化依法治理，用法治思维和法治手段解决安全生产问题，加快安全生产相关法律法规制定修订，加强安全生产监管执法，着力提高安全生产法治化水平。

经过多年的努力，我国基本建立了一整套以《安全生产法》为核心，11 部有关专项法律、3 部司法解释、20 余部国家行政法规、30 余部地方性法规、100 余部部门规章、近 400 部 AQ 标准为支撑的法规标准制度体系。全国省、市、县三级及新疆生产建设兵团安全生产监督管理部门及执法机构共有 87788 名监管执法人员，安全监管执法车辆装备水平有较大提升，安全生产法治建设取得了明显成效，但与全面推进依法治国的要求，还存在明显差距，主要表现在：安全生产法规标准不健全、不一致问题突出；法规标准制定和修订时效性差，一般要 3 年以上；安全生产违法行为追究刑责力度不够，生产经营建设过程中的违法追责在刑法规定上处于空白；安全监管执法不严、违法不究、以罚代刑及安全生产监管执法人员专业能力不强、装备保障能力不足的问题普遍存在。

加强安全生产法制建设，建立科学、长效监管机制，是安全生产领域贯彻落实"依法治国"方略，推动实现安全生产长治久安的必然要求。在全面推进依法治国总体要求下，结合安全生产工作实际，《意见》从健全法律法规体系、完善标准体系、严格安全准入制度、规范监管执法行为、完善执法监督机制、健全监管执法保障体系、完善事故调查处理机制 7 个方面，就推进安全生产依法治理提出了明确要求，推动安全生产工作纳入法治化轨道，实现"有法可依、有法必依、执法必严、违法必究"。

（十三）健全法律法规体系

【原文】 >>>>>>

建立健全安全生产法律法规立改废释工作协调机制。加强涉及安全生产相关法规一致性审查，增强安全生产法制建设的系统性、可操作性。制定安全生产中长期立法规划，加快制定修订安全生产法配套法规。加强安全生产和职业健康法律法规衔接融合。研究修改刑法有关条款，将生产经营过程中极易导致重大生产安全事故的违法行为列入刑法调整范围。制定完善高危行业领域安全规程。设区的市根据立法法的立法精神，加强安全生产地方性法规建设，解决区域性安全生产突出问题。

【导读】 >>>>>>

"立善法于天下，则天下治；立善法于一国，则一国治。"同理，立善法于安全生产，则安全生产治。健全完善安全生产法律法规体系是推进安全生产依法治理的前提。本条重点从立法审查协调机制、立法规划任务、法律规范约束三个方面对安全生产法律法规体系建设做出要求。

1. 建立安全生产立法审查与协调机制。安全生产涉及众多行业领域，由于综合协调和部门沟通不够等原因，安全生产立法分散、衔接配套不够协调、修订完善不够及时，甚至还存在法律缺失、相互矛盾等问题。必须建立健全安全生产立法协调与一致性审查机制。一是要建立部际协调沟通机制，各部门立法要加强沟通并充分征求意见，进一步推进科学立法、开门立法，提升安全生产法律法规立改废释效率。二是建立一致性审查机制，在制定修订安全生产相关法律法规时，安全生产监督管理和法制部门要做好一致性审查，增强安全生产法制建设的系统性和统一性，着力解决法律法规不配套、相关内容不一致等问题。

2. 加快制定修订安全生产相关法律法规。目前，我国安全生产法律体系总体成型，但是仍存在部分主体法律配套法规立法滞后，一些法律法规制定修订进展缓慢、针对性和可操作性不强等问题。例如我国作为世界第一化工大国，尚未有一部关于危险化学品安全监管的专门法律，现行的《危险化学品安全管理条例》立法层级较低，监管协调难度大、力度不够。必须加快制定修订安全生产法配套法规。一是制定中长期立法规划，加强安全生产法律法规整体设计，研究提出安全生产立法框架、重点任务、主要内容和计划进度。二是重点推进"两法"(《矿山安全法》《危险物品安全监督管理法》)、"三条例"(《安全生产法实施条例》《生产安全事故应急条例》《高危粉尘作业与高毒作业职业卫生监督管理条例》)的制修订工作，加快修订《消防法》《道路交通安全法》《海上交通安全法》《铁路法》《石油天然气管道保护法》等安全生产专门法律法规。三是借鉴美国、德国、英国等发达国家安全生产与职业健康一体化立法经验，逐步合并安全生产和职业健康相近的行政法规与部门规章，推动《安全生产法》与《职业病防治法》二法合一，加强安全生产与职业健康法律法规的一致性和协调性。四是借鉴《煤矿安全规程》的成功经验，由相关行业领域主管部门组织研究制定化工、建筑施工、冶金等高危行业领域安全技术规程，重点从技术工艺、作业现场、防范措施等方面对高危行业安全生产工作予以明确规范，提高法规标准的实用性和可操作性。

3. 强化安全生产法治化规范约束。一方面，我国对生产经营建设过程中严重危害安全生产的违法行为追究刑责力度不够，只有导致人员伤亡和一定数额经济损失等严重后果才能追究刑事责任，对未导致重大后果的严重违法行为追究刑事责任还是空白，致使一些违法行为屡禁不止。事故源于隐患，源于违法违规行为，对于一些典型的安全生产重大违法行为，虽然并未引发事故，如果仅仅进行行政处罚，不足以对相关人员形成震慑，若等到事故发生后再追究相关责任人员刑事责任，人民群众生命财产将付出巨大的代价。自 2011 年"醉驾入刑"实施后，全国因酒驾、醉驾导致的交通事故起数和死亡人数大幅下降。故《意见》借鉴"醉驾入刑"、制售食品药品违法行为入刑的立法思路，提出研究修改《刑法》相关条款，可将无证生产经营建设、拒不整改重大隐患、强令违章冒险作业、特种作业人员无证上岗、拒不执行安全监察执法指令等具有明显的主观故意、极易导致重大生产安全事故的典型违法行为列入《刑法》调整的范围，直接追究其刑事责任，大幅抬高违法成本，对相关人员形成足够的震慑。

另一方面，安全生产与经济社会发展水平、产业结构、人员素质等情况密切相关，具有较为明显的区域差异性，部分安全生产法律法规的具体规定在局部地区适用性不强。同时市级安全生产监督管理部门任务繁重，需要地方性法规予以支持。《立法法》规定，设区的市的人民代表大会及其常务委员会根据本市的具体情况和实际需要，在不同宪法法律、行政法规和本省、自治区的地方性法规相抵触的前提下，可以对城乡建设与管理、环境保护、历史文化保护等方面的事项制定地方性法规。根据这一立法精神，各地设区的市要加强安全生产地方性法规建设，市人民代表大会及其常务委员会可以根据本市安全生产工作实际，研究制定安全生产方面的地方性法规，经省级人民代表大会常务委员会批准后实施，解决区域性安全生产突出问题。

（十四）完善标准体系

【原文】 >>>>>>

　　加快安全生产标准制定修订和整合，建立以强制性国家标准为主体的安全生产标准体系。鼓励依法成立的社会团体和企业制定更加严格规范的安全生产标准，结合国情积极借鉴实施国际先进标准。国务院安全生产监督管理部门负责生产经营单位职业危害预防治理国家标准制定发布工作；统筹提出安全生产强制性国家标准立项计划，有关部门按照职责分工组织起草、审查、实施和监督执行，国务院标准化行政主管部门负责及时立项、编号、对外通报、批准并发布。

【导读】 >>>>>>

安全生产标准是安全生产法律法规的延伸与具体化，是企业安全生产和政府安全监管不可或缺的重要依据，运用标准规范企业生产经营行为也是国际通行惯例。本条主要从标准制定修订、制定发布工作机制两个方面完善安全生产标准体系。

1. 加快安全生产标准的制定修订和整合。目前，我国安全生产相关标准虽然已有1500多项，但是存在强制性国家标准数量少，部分标准的标龄过长（90%以上的强制性标准超过10年以上），标准规定尺度不一，关键标准缺失，新产品、新工艺、新业态标准制定滞后等突出问题。必须贯彻落实党的十八届三中全会精神，按照《国务院关于印发深化标准化工作改革方案的通知》（国发〔2015〕13号）要求，加快安全生产标准的制定修订和整合。一方面，要认真研究近年来重特大和典型事故暴露出的安全标准缺陷，组织梳理急需制修订和整合精简的安全生产标准，在"十三五"期间重点推进《企业安全生产标准化基本规范》等455项标准制修订工作，建立以强制性国家标准为主体、推荐性标准为补充，国家标准、行业标准、地方标准协同有序发展的安全生产标准体系，提高安全生产标准的权威性和约束性。另一方面，强制性国家标准只是企业安全生产工作的最低标准，一些行业和大型企业为了适应市场竞争、树立品牌、提升产品和服务质量，还需要研究制定高于国家标准的行业标准和企业标准。同时，国外职业安全健康标准体系较为完备，很多标准也值得我们参考借鉴。因此要鼓励社会团体和企业研究制定有关新产品、新工艺、新业态标准，制定、应用更加严格规范的安全生产行业和企业标准；加强国内外标准对比研究，结合我国国情和安全生产实际，积极借鉴实施国际先进标准，在行业和企业内部应用。在此过程中，可逐步将一部分行业标准、企业标准和国际标准上升为强制性国家标准，进一步督促和指导企业提高安全生产技术管理水平。

2. 改革生产经营单位职业危害预防治理和安全生产国家标准制定发布机制。国务院深化标准化工作改革方案提出，要简化制定修订程序，提高审批效率，缩短制定修订周期。目前，工程建设、卫生、农业、环保4类国家标准由行业主管部门制定公布、标准化主管部门编号。但目前生产经营单位职业危害预防治理标准制定修订由卫生部门负责，与监督实施相脱节，安全生产强制性国家标准制定程序复杂且耗时较长，难以适应职业健康与安全生产监管工作需要。由于安全生产涉及行业领域众多，标准制定修订工作任务重、专业性较强，为了简化程序、提高效率，防止标准之间相互矛盾，应当改革职业危害预防治理和安全生产强制性标准制定发布机制。一是根据《国务院办公厅关于印发国家安全生产监督管理总局主要职责内设机构和人员编制规定的通知》（国办发〔2008〕91号）和《关于职业卫生监管部门职责分工的通知》（中央编办发〔2010〕104号），原由卫生部负责的职业卫生监督检查职责转为国家安全监管总局承担，为防止立标与执法相分离，应将生产经营单位职业危害预防治理国家标准的制定发布工作调整由国家安全监管总局负责。二是由国家安全监管总局统筹提出安全生产强制性国家标准立项计划，有关部门按照职责分工组织起草、审查、实施和监督执行，标准化行政主管部门负责及时立项、编号、对外通报和批准并发布，加快标准制定修订进程。同时科学优化工作程序，相关部门要加强沟通协调，妥善解决安全生产和职业危害防治标准在立项、起草、征求意见、审查、发布实施等环节存在的问题。

（十五）严格安全准入制度

【原文】 >>>>>>

严格高危行业领域安全准入条件。按照强化监管与便民服务相结合原则，科学设置安全生产行政许可事项和办理程序，优化工作流程，简化办事环节，实施网上公开办理，接受社会监督。对与人民群众生命财产安全直接相关的行政许可事项，依法严格管理。对取消、下放、移交的行政许可事项，要加强事中事后安全监管。

【导读】 >>>>>>

在矿山、危险化学品、建筑施工、烟花爆竹等高风险行业实施安全生产行政许可制度，是加强安全生产源头监管，防范和遏制事故的重要手段。本条坚持"放管服"相结合，重点从严格安全准入条件、科学设置行政许可事项和办理程序、加强监督管理三个方面对安全准入制度改革做出要求。

1. 严格高危行业领域安全准入条件。党的十八届三中全会指出，强化节能节地节水、环境、技术、安全等市场准入标准。2005 年，全国开始煤矿整顿关闭，淘汰落后产能，10 多年间小煤矿数量从 2004 年底的 2.3 万处下降到目前不到 1 万处，减少了 60% 左右，对促进煤矿安全生产形势持续稳定好转作出了重要贡献。应当继续严格矿山、危险化学品、建筑施工、烟花爆竹等高危行业安全准入条件。一是要坚持安全生产高标准、严要求，招商引资、上项目要严把安全准入关，认真执行安全生产许可制度和产业政策，坚决做到不安全的项目不批，不安全的企业不建。二是要不断提高安全准入条件，充分运用法治化和市场化手段以及安全等标准，对煤矿、钢铁等产能严重过剩的行业，加快淘汰落后产能，推动产业转型升级，提高安全保障能力。

2. 依法严格管理安全生产行政许可事项。近些年，因为安全生产行政审批把关不严，直接或间接导致事故发生的案例屡见不鲜。例如天津港"8·12"事故调查处理中发现，天津市有关部门在明知瑞海公司未取得法定审批许可手续，不具备港口危险货物作业条件的情况下，违法批准瑞海公司从事港口危险货物经营，明知其危险货物堆场改造项目未批先建，仍批准其验收通过，成为导致事故发生的重要原因。人命关天，安全生产行政审批事项决不能为了减少而减少，为了下放而下放，更不能为了怕承担责任而下放、取消，决不能以改革之名行削弱安全监管之实。加快安全生产行政审批改革，一方面，要落实国家关于简政放权的决策部署，对于企业能够自主决定的、市场机制能有效调节的安全生产许可项目，一律取消或下放，减少政府对微观事务的干预。另一方面，必须以对人民群众生产生命财产安全高度负责的精神，正确处理好简政放权与加强安全监管的关系，对与人民群众生命财产安全直接相关的安全生产许可项目必须予以保留和完善，依法严格管理。

3. 优化行政许可办理程序和工作流程。党的十八届五中全会提出，持续推进简政放权、放管结合、优化服务，提高政府效能。要依据《安全生产法》《行政许可法》等法律法规，按照强化监管与便民服务相结合的原则，建立完善相关管理制度，科学设置安全生产行政许可办理程序，优化工作流程，简化办事环节，编制服务指南，制定工作细则，规范行政审批的程序、标准和内容，实施网上集中受理和审查，及时公开审批受理、进展情况和结果，做到既简化程序、方便企业和群众办事，又加强管理、接受社会监督。

4. 加强取消下放许可事项的事中事后监管。习近平总书记强调，要确保安全准入标准不降低，在下放权力的同时要加强监管。《国务院关于"先照后证"改革后加强事中事后监管的意见》提出，创新监管方式，构建权责明确、透明高效的事中事后监管机制。党的十八大以来，安全监管监察系统和其他负有安全生产监督管理职责的部门，认真贯彻落实国家关于简政放权的决策部署，截至 2015 年底，已经取消下放 50% 的审批事项。但是，安全生产事关人民群众生命安全，对确需取消、下放、移交的行政许可事项，决不能一放了之，要创新相关监管机制，采取随机抽查、专项检查等执法方式，利用信用联合惩戒、行业组织自律、社会舆论监督等市场机制，加强事中事后监管，确保行政许可取消、下放、移交后标准不降低，管理不放松。

（十六）规范监管执法行为

【原文】 >>>>>>

完善安全生产监管执法制度，明确每个生产经营单位安全生产监督和管理主体，制定实施执法计划，完善执法程序规定，依法严格查处各类违法违规行为。建立行政执法和刑事司法衔接制度，负有安全生产监督管理职责的部门要加强与公安、检察院、法院等协调配合，完善安全生产违法线索通报、案件移送与协查机制。对违法行为当事人拒不执行安全生产行政执法决定的，负有安全生产监督管理职责的部门应依法申请司法机关强制执行。完善司法机关参与事故调查机制，严肃查处违法犯罪行为。研究建立安全生产民事和行政公益诉讼制度。

【导读】 >>>>>>

加强监管执法是推动企业落实安全生产主体责任，减少违法违规行为的重要手段。习近平总书记讲话多次强调要加大安全生产监管执法力度，做到全覆盖、零容忍、严执法、重实效。本条着重建立完善监管执法、行刑衔接和司法参与三项机制。

1. 完善安全生产监管执法机制。当前我国安全生产监管执法仍然存在责任不明确、制度不完善、程序不规范、计划不科学等问题。对此，必须完善安全生产监管执法机制，加强监管执法制度化、标准化、信息化建设。一是要按照网格化管理的思路，依法依规明确每个生产经营单位的安全生产监督和管理主体，科学划分各级负有安全生产监督管理职责部门及行业管理部门的监督和管理权限，切实落实监管执法责任制度，做到管行业必须管安全，消除监管盲区。二是要研究起草安全生产监管检查执法相关办法，科学制定实施执法计划，明确执法主体、方式、程序、频次，细化"双随机"抽查、定期检查、专项检查、联合检查、专家检查、暗查暗访、互检互查等检查方式，规范安全生产监管执法行为，提高执法实效。三是要完善执法程序规定，编制推行安全生产监管执法和煤矿安全监察执法手册，规范行政许可、行政强制、行政处罚等行政执法程序，统一执法文书，提高监管执法的标准化和规范化水平。

2. 建立行政执法和刑事司法衔接制度。党的十八届四中全会强调，健全行政执法和刑事司法衔接机制，完善案件移送标准和程序，建立行政执法机关、公安机关、检察机关及审判机关信息共享、案情通报及案件移送制度。但是从目前安全生产领域"两法"（行政执法和刑事司法）衔接的情况看，制度还不够健全、机制还不够完善，有的案件线索该移送的没有移送，有的案件移送接收不畅，有的接收了案件但是迟迟不审判，难以发挥法律的惩戒警示作用。例如，《生产安全事故报告和调查处理条例》（中华人民共和国国务院令第 493 号）与《行政执法机关移送涉嫌犯罪案件的规定》（中华人民共和国国务院令第 310 号）对案件的移交时间和相关证据材料要求不一致，安全生产监督管理部门事故调查取证的方法与标准与公安部门不一致，很多证据公安部门无法使用，需要重新调查取证，影响了相关人员责任追究的时效。对此，必须建立安全生产行政执法和刑事司法衔接制度。负有安全生产监督管理职责的部门要与公安、检察院、法院等加强协调配合，完善安全生产违法线索通报、案件移送、受理立案与协助调查等工作机制。包括统一安全生产行刑衔接的移送标准，理顺案件移送的基本流程，提高行政执法证据收集的合法性，建立相关信息共享交流机制等，防止出现有案不移、有案难移、以罚代刑现象，实现安全生产行政处罚和刑事处罚无缝对接。

3. 完善司法参与机制。目前，客观上存在对危害安全生产秩序的刑事犯罪打击不力、处罚偏低、以经济处罚代替责任追究、以行政处罚代替刑事处罚、以缓刑代替实刑等问题。有些企业拒不执行安全生产行政执法决定，安全生产监管监察部门申请强制执行后，有的司法机关不予受理或不执行，损害了行政执法和司法公信力。对此，必须完善司法参与相关机制。一是对违法行为当事人拒不执行安全生产行政执法决定的，负有安全生产监督管理职责的部门应依法申请司法机关强制执行，司法机关应积极配合，及时受理并执行。必要时可申请人民法院立即执行。二是完善司法机关参与事故调查机制，对事故调查中发现涉嫌犯罪的，调查组应及时将有关材料移交司法机关处理，充分发挥司法机关在事故调查中的作用，严肃查处违法犯罪行为，有条件地区的法院、检察院可以设立安全生产审判庭、检察室，专门受理、查办和审判安全生产案件。三是研究建立安全生产民事和行政公益诉讼制度。公益诉讼是指对损害国家和社会公共利益的违法行为，由法律规定的特定机关和组织向人民法院提起诉讼的制度。按照提起诉讼的主体，公益诉讼可以划分为检察机关提起的行政公益诉讼、其他社会团体和个人提起的民事公益诉讼。中央生态文明建设改革意见中提出建立环境公益诉讼制度。考虑到安全生产工作的公益性和重要性,应当借鉴环境公益诉讼的经验做法,研究建立安全生产民事和行政公益诉讼制度。对涉及公众利益的安全生产问题,可分别由社会组织和检察机关提起民事公益诉讼和行政公益诉讼。

（十七）完善执法监督机制

【原文】 >>>>>>

各级人大常委会要定期检查安全生产法律法规实施情况,开展专题询问。各级政协要围绕安全生产突出问题开展民主监督和协商调研。建立执法行为审议制度和重大行政执法决策机制,评估执法效果,防止滥用职权。健全领导干部非法干预安全生产监管执法的记录、通报和责任追究制度。完善安全生产执法纠错和执法信息公开制度,加强社会监督和舆论监督,保证执法严明、有错必纠。

【导读】 >>>>>>

党的十八大报告提出,要推进依法行政,切实做到严格规范公正文明执法。党的十八届四中全会提

出，加强人大监督、民主监督、社会监督、舆论监督
等制度建设，努力形成科学有效的权力运行制约和监
督体系。本条从人大和政协监督、部门内部监督与社
会舆论监督三个方面对完善执法监督机制提出具体
要求。

1. 建立人大和政协监督机制。一方面，要加强
人大法律监督。检查安全生产法律法规在本辖区内的
遵守和执行情况是各级人民代表大会及其常务委员会
的重要职责。各级人大应当通过执法检查、专题询问
等方式，定期检查安全生产法律法规实施情况，主要
包括政府完善安全生产监管的体制机制情况、有关部
门依法履行安全生产监管职责情况、生产经营单位安
全生产主体责任落实情况等。2005 年 5—6 月，全国
人大常委会首次就《安全生产法》和《矿山安全法》
的贯彻落实情况开展执法检查，取得了良好成效。
2016 年 9—10 月，全国人大常委会再次全面检查
《安全生产法》贯彻实施情况。

另一方面，要加强政协民主监督。各级政协主要
职能是对政治、经济、文化和社会生活中的重要问题
以及人民群众普遍关心的问题开展政治协商、民主监
督、参政议政。各级政协要充分发挥参政议政职能，

围绕安全生产突出问题开展民主监督和协商调研，围绕安全生产法律法规实施情况开展民主监督，完善安全生产协商成果采纳、落实和反馈机制，充分发挥对安全生产工作的推动作用。在 2015 年两会上，全国政协委员们就提交了新常态下安全生产工作新挑战、保障城市公共安全等涉及体制机制法制问题的多项安全生产相关提案，有力推动了安全生产工作。

2. 建立完善监管执法部门内部监督机制。党的十八届四中全会要求完善执法程序，建立执法全过程记录制度，严格执行重大执法决定审核制度。目前，一些基层监管执法人员法治意识不强、专业素质不高，导致监管执法不严、执法不公，失之于宽、失之于软的问题较为突出。还有个别领导干部以公谋私，打招呼、递条子，干扰安全生产监管执法现象时有发生。例如湖南湘潭立胜煤矿"1·5"特别重大火灾事故中存在地方有关部门违规延续采矿许可证，甚至有干部入股煤矿和严重腐败等问题。为促进监管执法的科学化、制度化、民主化，必须建立完善监管执法部门内部监督机制。一是负有安全生产监督管理职责的部门必须强化内部监督，建立执法行为审议和重大行政执法决策机制，定期或不定期对安全生产监管执法行为进行评议考核，对现场情况复杂、情节严重、处罚较重的案件要进行集体审议后决策，使之经得起法律法规的考量和公众的拷问，这也是降低执法风险、防止滥用职权、保护执法人员的有效手段。二是按照党的十八届四中全会要求，借鉴中共中央办公厅、国务院办公厅印发的《领导干部干预司法活动、插手具体案件处理的记录、通报和责任追究规定》，建立领导干部非法干预安全生产监管执法活动记录、通报和责任追究制度，切实保障安全生产监督管理部门依法独立、公正行使监管执法权力。

3. 建立社会监督和舆论监督机制。社会监督和舆论监督是政府行政执法监督的重要形式。建立社会监督和舆论监督机制，主要形式是完善安全生产执法纠错和执法信息公开制度。执法纠错，即负有安全生产监督管理职责的部门发现错误的行政执法行为要主动撤销或者变更并查明原因，依法追究相关执法人员责任，保证执法严明、有错必纠。信息公开，即主动公开检查执法的对象、内容、过程和处理结果。《国务院办公厅关于加强安全生产监管执法的通知》（国办发〔2015〕20号）规定，各有关部门依法对企业作出安全生产执法决定之日起20个工作日内，要向社会公开执法信息。这样，一方面使监管执法行为接受社会和舆论的监督，督促政府严格执法、规范执法。另一方面也把企业置于社会和舆论监督之下，对于企业严重违法行为和重大隐患要公开曝光，督促其及时整改隐患问题和违法行为。

（十八）健全监管执法保障体系

【原文】 >>>>>>

制定安全生产监管监察能力建设规划，明确监管执法装备及现场执法和应急救援用车配备标准，加强监管执法技术支撑体系建设，保障监管执法需要。建立完善负有安全生产监督管理职责的部门监管执法经费保障机制，将监管执法经费纳入同级财政全额保障范围。加强监管执法制度化、标准化、信息化建设，确保规范高效监管执法。建立安全生产监管执法人员依法履行法定职责制度，激励保证监管执法人员忠于职守、履职尽责。严格监管执法人员资格管理，制定安全生产监管执法人员录用标准，提高专业监管执法人员比例。建立健全安全生产监管执法人员凡进必考、入职培训、持证上岗和定期轮训制度。统一安全生产执法标志标识和制式服装。

【导读】 >>>>>>

我国安全生产监管监察体制建立时间较短，缺编制、缺人员、缺经费、缺装备等问题较为突出，对监管执法工作的影响较大。本条重点从车辆装备、经费、制度、人员四个方面健全监管执法保障体系。

1. 加强监管执法车辆装备保障。《国务院办公厅关于加强安全生产监管执法的通知》（国办发〔2015〕20号）要求深入开展安全生产监管执法机构规范化、标准化建设，改善调查取证等执法装备，保障基层执法和应急救援用车。但在执行过程中，一些地区并没有完全落实到位。面对数量多、分布广的各类生产经营单位，安全生产监管执法工作量巨大。事故的突发性、应急救援的时效性客观上要求加强安全生产监督管理部门监管执法装备保障。一是要研究制定安全生产监管监察能力建设规划，明确各级安全生产监督管理部门人员、经费、用房、车辆、装备等配备标准，建立与经济社会发展、企业数量、安全基础相适应的保障机制。二是要加强检验检测、调查取证、应急救援等安全生产监管执法技术支撑体系建设，加快形成与监督检查、取证听证、调查处理等执法全过程相配套的技术支撑能力，基层执法人员要配备使用便携式移动执法终端，确保监管执法工作需要。三是统一安全生产执法标志标识和制式服装，做到着装整齐、规范，提升安全生产监管执法人员形象，提高执法的严肃性和权威性。

2. 建立监管执法经费保障机制。《国务院办公厅关于加强安全生产监管执法的通知》（国办发〔2015〕20 号）提出健全安全生产监管执法经费保障机制，将安全生产监管执法经费纳入同级财政保障范围。各级人民政府必须健全完善负有安全生产监督管理职责部门的监管执法经费保障机制，将监管执法经费列入同级政府年度财政预算，全额保障监管执法部门的人员经费、办公经费、业务装备经费和基础设施建设经费等，确保安全生产监管执法机构正常开展工作。

3. 建立安全生产监管执法人员履职制度。目前，我国相关法律法规和制度对安全生产监管执法责任边界缺乏明确规定，在事故调查处理中，往往出现基层安监干部"不去检查是失职，去检查了是渎职"而被追究责任的情况，基层反映比较强烈，直接影响了安全监管监察队伍的积极性和稳定性。例如有的地方县级安全监管局自 2002 年以来已有近半数的工作人员受到处分，还有的曾出现 26 名安监干部提出集体辞职"回家种田"。中共中央办公厅、国务院办公厅印发的《保护司法人员依法履行法定职责规定》，从排除阻力干扰、规范考评考核和责任追究、加强人身安全保护、落实职业保障等方面作出了明确规定，进一步严密了司法人员依法履职的制度保障。《意见》借鉴其他行业领域经验，结合有关地区的探索实践，提出建立安全生产监管执法人员依法履行法定职责制度，对监管执法责任边界、履职内容、追责条件等予以明确规定，激励广大安全生产监管执法人员忠于职守、履职尽责、敢于担当、严格执法。

4. 加强监管执法人员管理。党的十八届四中全会提出要严格实行行政执法人员持证上岗和资格管理制度。目前，我国一些基层市县安全生产监管执法人员的专业化水平偏低，尤其是化工、矿山等相关专业人员缺乏，整体素质不高。发达国家对安全生产监管执法人员有很高的要求，例如美国矿山安全监察人员必须具有 5 年以上矿山工作经验、接受国家职业安全健康学院培训、再实习一年后方可上岗执法。对此，我国应加以学习借鉴，加强监管执法人员管理。一是严格执法人员资格管理，要制定安全生产监管执法人员录用标准，必须取得相关专业学历，具有一定工作经验才能录用为监管执法人员，逐步提高专业监管执法人员比例，根据《国务院办公厅关于加强安全生产监管执法的通知》(国办发〔2015〕20号)，三年内实现专业监管人员配比不低于75%。二是建立健全安全生产监管执法人员凡进必考、入职培训、持证上岗和定期轮训制度，具体包括新进人员考试录用制度、入职前的脱产培训制度、执法人员考试和持证上岗制度和上岗后的定期轮训制度等，对监管执法人员录用、入职、上岗、晋职等关键环节和长期培训教育进行严格管理，提高安全监管执法人员业务水平，满足专业化监管执法的需要。

（十九）完善事故调查处理机制

【原文】>>>>>>

坚持问责与整改并重，充分发挥事故查处对加强和改进安全生产工作的促进作用。完善生产安全事故调查组组长负责制。健全典型事故提级调查、跨地区协同调查和工作督导机制。建立事故调查分析技术支撑体系，所有事故调查报告要设立技术和管理问题专篇，详细分析原因并全文发布，做好解读，回应公众关切。对事故调查发现有漏洞、缺陷的有关法律法规和标准制度，及时启动制定修订工作。建立事故暴露问题整改督办制度，事故结案后一年内，负责事故调查的地方政府和国务院有关部门要组织开展评估，及时向社会公开，对履职不力、整改措施不落实的，依法依规严肃追究有关单位和人员责任。

【导读】>>>>>>

事故调查的根本目的是分析事故原因，吸取事故教训，发挥警示作用，减少和防止同类事故发生。习近平总书记指出，各地区和各行业领域要深刻吸取安全事故带来的教训，做到"一厂出事故、万厂受教育，一地有隐患、全国受警示"。本条主要从事故调查、事故防范和整改督办三个方面完善事故调查处理机制。

1. 完善事故调查处理工作机制。《生产安全事故报告和调查处理条例》规定，生产安全事故由各级政府组织事故调查组进行调查，调查组组长主持事故调查组的工作。目前，参加生产安全事故调查部门较多，部分基层安监人员专业水平不高，事故调查组处理协调难度大，权威性不够。为确保事故调查组全面有效履行事故调查职责，科学合理认定事故性质和责任，必须完善事故调查工作机制。一是完善生产安全事故调查组组长负责制，明确由事故调查组组长主持调查组工作，主要包括组织现场调查和取证，查明事故与救援经过，分析事故原因，认定事故性质，提出相关责任人处理建议，明确整改防范措施，编写并提交事故调查报告等，对于具有争议的问题和事项，组长具有最终的决策权。各参与部门要密切配合，服从工作安排，维护组长权威，认真完成职责范围内的调查处理工作。二是健全典型事故提级调查、跨地区协同调查和工作督导机制，对于一些案情复杂、性质恶劣、影响重大的事故由上级人民政府组织调查；对于跨地区、跨行业领域的事故，相关政府和部门要加强协同，形成合力；同时各级安全生产委员会要对辖区内的事故调查处理工作进行监督指导，确保事故调查处理和相关人员责任追究落实到位。三是建立事故调查分析技术支撑体系，加强侦查取证、检验检测、分析鉴定、模拟仿真等技术支撑机构建设，组建各级各行业领域专家队伍，为事故调查工作提供有力的技术保障。

2. 建立事故调查处理推动安全防范工作的机制。国外发达国家高度重视事故调查工作，注重用事故教训推动安全生产工作。2006 年 1 月，美国西弗吉尼亚州萨戈煤矿发生瓦斯爆炸事故，造成 12 人死亡，1 人重伤，同年 6 月美国联邦政府即制定颁布了《煤矿改善与新应急响应法》，对建立井下避险系统、完善矿山应急响应体系提出了要求。欧盟国家普遍采用"无责备"的事故调查原则，赋予事故调查机构充分权力，保证其不受任何外部影响独立开展事故调查，彻查事故原因，提出客观完整的建议。目前，我们在事故调查处理中仍然存在重问责、轻问由的现象，社会公众普遍关心的是抓了多少人、处理了多大级别的领导干部，而很少关注事故发生的原因和防范措施，这不利于举一反三，推进安全生产工作。应该建立完善防范工作机制，充分发挥事故查处对加强和改进安全生产工作的促进作用。一是坚持问责与整改并重，重点分析事故背后的政府监管、企业管理、工艺技术、现场管理等方面的原因，研究提出针对性的具体对策措施，避免同类事故反复发生，实现从问责型向学习型事故调查的转变。二是严格规范事故调查报告，所有事故调查报告要设立技术和管理问题专篇，详细分析事故原因并全文公开，事故调查组要做好解读，积极回应公众关切，切实起到警示教育作用。三是建立法律法规标准制修订机制，结合事故调查工作，分析国内外重特大生产安全事故典型案例，针对法律法规标准暴露出的漏洞和缺陷，及时开展法规标准符合性评价，加快启动制定修订工作。

3. 建立事故暴露问题整改督办制度。目前，一些地区在事故调查结案后，对提出的整改措施跟踪不及时、落实不到位，致使同一地区、同一行业领域甚至同一企业类似事故反复发生。例如中国石油大连石化公司，在 4 年内连续发生 6 起事故，甚至同一油罐在 3 个月内发生 2 起事故。据不完全统计，目前我国生产安全事故调查处理结案后，整改措施完成率不到 30% 。为切实吸取深刻教训、举一反三，强化事故调查处理后的整改落实，必须建立事故暴露问题整改督办制度。即事故结案后一年内，负责事故调查的地方政府和国务院有关部门要及时组织开展评估，对事故问题整改、防范措施落实、相关责任人处理等情况进行专项检查，结果要向社会公开，对于履职不力、整改措施不落实、责任人追究不到位的，要依法依规严肃追究有关单位和人员责任，确保血的教训决不能再用鲜血去验证。

第五章

建立安全预防控制体系

◎ 加强安全风险管控

◎ 强化企业预防措施

◎ 建立隐患治理监督机制

◎ 强化城市运行安全保障

◎ 加强重点领域工程治理

◎ 建立完善职业病防治体系

【背景】

党的十八届三中全会提出，建立隐患排查治理体系和安全预防控制体系，遏制重特大安全事故。安全生产理论和实践证明，只有坚持风险预控、关口前移，强化隐患排查治理，才能更为有效地防范重特大生产安全事故发生。

近年来，各地区、各部门和各单位坚持安全第一、预防为主、综合治理的方针，突出加强隐患排查治理，在构建安全预防控制体系方面作了积极探索，但科学性、规范性、严密性、严肃性不够，尤其是对风险预控认识不到位，开展不普遍，导致不少想不到问题的发生。因此，要建立系统化的安全预防控制体系，把风险控制在隐患形成之前，把隐患消灭在萌芽状态。

《意见》从加强安全风险管控、强化企业预防措施、建立隐患治理监督机制、强化城市运行安全保障、加强重点领域工程治理、建立完善职业病防治体系等方面，对建立安全预防控制体系提出要求。

（二十）加强安全风险管控

【原文】>>>>>>

地方各级政府要建立完善安全风险评估与论证机制，科学合理确定企业选址和基础设施建设、居民生活区空间布局。高危项目审批必须把安全生产作为前置条件，城乡规划布局、设计、建设、管理等各项工作必须以安全为前提，实行重大安全风险"一票否决"。加强新材料、新工艺、新业态安全风险评估和管控。紧密结合供给侧结构性改革，推动高危产业转型升级。位置相邻、行业相近、业态相似的地区和行业要建立完善重大安全风险联防联控机制。构建国家、省、市、县四级重大危险源信息管理体系，对重点行业、重点区域、重点企业实行风险预警控制，有效防范重特大生产安全事故。

【导读】 >>>>>>

安全生产重在风险管控。本条重点从建立完善安全风险评估与论证机制，实行重大安全风险"一票否决"，推动高危产业转型升级，建立完善重大危险源信息管理体系和重大安全风险联防联控机制等方面对加强安全风险管控提出了要求。

1. 建立完善安全风险评估与论证机制。党的十八届五中全会提出，建立风险识别和预警机制，以可控方式和节奏释放风险，重点提高安全生产等方面风险防控能力。顶层设计存在监管盲区、不完善，就会造成严重问题。一些重特大生产安全事故暴露出，项目建设初期把关不严、风险管控不力等问题，会为后续生产经营等埋下重大安全隐患。如青岛"11·22"事故暴露出规划设计不合理，油气管道与周边的建筑物距离太近，特别是输油管道与暗渠交叉工程设计不合理，存在重大隐患。此外，随着城市规模扩大，一些新的安全风险没有纳入视野予以管控。因此，《意见》提出建立安全风险评估与论证机制，对企业选址和基础设施建设、居民生活区空间布局，组织专家进行风险评估与论证，严把审批关。同时要有超前意识，强化基础研究，加大对新材料、新工艺、新业态安全风险评估和管控。

2. 实行重大安全风险"一票否决"。加强源头管控是控制风险、预防事故的重要手段。习近平总书记强调，坚持安全生产高标准、严要求，招商引资、上项目要严把安全生产关，加大安全生产指标考核权重，实行安全生产和重大安全生产事故风险"一票否决"。为此，《意见》明确要求高危项目必须进行安全风险评审，方可审批，城乡规划布局、设计、建设、管理等各项工作必须严把安全关，坚决做到不安全的规划不批、不安全的项目不建、不安全的企业不生产。要研究制定出台具体实施办法，建立起严格的安全生产制约机制。

3. 结合供给侧结构性改革，推动高危产业转型升级。2015 年中央经济会议强调着力加强供给侧结构性改革，《中华人民共和国国民经济和社会发展第十三个五年规划纲要》（简称《"十三五"规划纲要》）提出加快钢铁、煤炭等行业过剩产能退出，这都给安全生产工作带来重大历史机遇。当前，高危产业供给侧对我国安全生产的制约主要表现在两个方面：一是我国长期以来主要是靠要素的投入和积累保持经济高增长，造成能源等基础产业持续紧张，企业违法违规生产时有发生。二是长期的低水平重复建设，使得高危产业、劳动密集型产业比重过大，且安全基础薄弱。据统计，全国小煤矿、小矿山、小化工当中，安全保障能力较差的分别约占 60%、90% 和 82%。

通过化解过剩产能，关闭破产、兼并重组，淘汰高危、落后企业，推动要素升级，促进产业结构调整优化，既是工业产业发展的需要，也是安全生产的重要治本之策。《意见》紧密结合供给侧结构性改革，充分发挥市场机制作用和政府引导作用，按照《"十三五"规划纲要》《国务院关于煤炭行业化解过剩产能实现脱困发展的意见》（国发〔2016〕7 号）、《国务院关于钢铁行业化解过剩产能实现脱困发展的意见》（国发〔2016〕6 号）等文件提出的要求和设定的任务目标，提出推动高危产业转型升级，将为安全生产工作创造有利条件。

4. 建立完善重大安全风险联防联控机制。行业相近、业态相似的地区和行业在安全风险管控方面有着共同需求，通过统筹位置相邻分散的安全生产防控力量，形成合力，共同来防控重大安全风险。借鉴公共卫生、环境污染风险联合管控机制的经验，总结近几年国家安全监管总局、环保部、国家测绘地理信息局、总参谋部等单位、部门应急联动工作成功做法，《意见》明确了位置相邻、行业相近、业态相似的地区和行业要建立完善跨行业、跨部门、跨地区的重大安全风险联防联控机制；相关地区和行业要打破区域和行业分割，通过建立联席会议制度、制定应急联动预案、建立区域通信联络和应急响应机制、定期开展安全互查和应急调度、联合应急处置演练等方式，推动实现地区、行业间的资源共享。

5. 构建重大危险源信息管理体系。我国一些高危行业领域经过多年粗放式增长、低水平发展，由于管理体制、监控手段等原因，相当一部分重大危险源游离于政府有效监控以外，既摸不清底数，又没有做到全过程、全链条的监管。天津港"8·12"事故中，瑞海公司严重超负荷经营、超量存储硝酸铵等多种危险化学品，事发时硝酸钾存储量超设计最大存储量53.7倍，硫化钠存储量超设计最大存储量19.4倍，氰化钠存储量超设计最大储存量42.5倍，形成了重大危险源。必须要实施属地、分级管控，采用互联网＋、大数据等高新技术，建立基于地理信息系统全国联网的国家、省、市、县四级重大危险源监控网络，健全监测监控、预报预警和快速反应系统，对重点行业、重点区域、重点企业实行风险预警控制，提高风险预控与处置能力，有效防范重特大生产安全事故。

（二十一）强化企业预防措施

【原文】 >>>>>>

企业要定期开展风险评估和危害辨识。针对高危工艺、设备、物品、场所和岗位，建立分级管控制度，制定落实安全操作规程。树立隐患就是事故的观念，建立健全隐患排查治理制度、重大隐患治理情况向负有安全生产监督管理职责的部门和企业职代会"双报告"制度，实行自查自改自报闭环管理。严格执行安全生产和职业健康"三同时"制度。大力推进企业安全生产标准化建设，实现安全管理、操作行为、设备设施和作业环境的标准化。开展经常性的应急演练和人员避险自救培训，着力提升现场应急处置能力。

【导读】 >>>>>>

强化企业安全预防是做好安全防范工作的重中之

重。本条重点从加强风险评估和分级管控、建立企业隐患排查治理制度、提升企业安全防控能力三个方面对企业如何做好预防措施提出了要求。

1. 加强风险评估和分级管控。风险评估和分级管控是国内外企业安全管理的先进经验和成功做法。目前，一些企业忽视风险辨识和防控、忽视苗头性问题的及时处理，导致重特大生产安全事故发生，给人民群众生命财产安全造成了严重损失。如山西省华晋焦煤公司王家岭矿"3·28"透水事故，就是由于周围存在诸多小煤窑，老空区积水情况未探明，掘进作业导致老空区积水透出，造成巷道被淹和人员伤亡。为此，按照《意见》要求，企业要建立风险评估制度，定期组织全体员工开展全过程、全方位的危害辨识、风险评估，严格落实管控措施；针对高风险工艺、高风险设备、高风险场所、高风险岗位和高风险物品这"五高"，建立分级管控制度，制定落实安全操作规程，防止风险演变引发事故。

2. 建立企业隐患排查治理相关制度。建立健全隐患排查治理制度、重大隐患治理情况"双报告"制度。重特大生产安全事故的发生，不同程度上都是由于安全隐患排查不到位、不彻底造成的。因此，遏制事故，关键在消除隐患。习近平总书记指出，重特大突发事件，不论是自然灾害还是责任事故，隐患排查治理不彻底是其中重要原因之一。《安全生产法》规定，生产经营单位应当建立健全生产安全事故隐患排查治理制度，采取技术、管理措施，及时发现并消除事故隐患；有关部门在监督检查中发现的重大事故隐患，排除后经审查同意，企业方可恢复生产经营和使用。为了加强隐患排查治理监督管理，落实职工对企业安全生产知情权、监督权，根据《安全生产法》相关规定，企业要建立健全隐患排查治理制度，实行自查自改自报闭环管理。对重大隐患排查治理的有关情况，企业既要在内部向职工代表大会和全体员工通报，又要按照属地管理原则，向上级主管部门和安全生产监督管理部门报告，目的是在相关部门和企业职工的双重监督下，确保重大隐患治理到位。

3. 提升企业安全防控能力。一是严格执行安全生产和职业健康"三同时"制度。安全生产和职业健康"三同时"是预防、控制和消除安全风险和职业病危害，有效防范各类事故的重要举措。《安全生产法》《职业病防治法》对建设项目"三同时"都提出了明确要求。按照法律规定，企业必须严格执行安全生产和职业健康"三同时"制度，建设项目的安全生产与职业病防护设施所需费用应当纳入建设项目工程预算，并与主体工程同时设计、同时施工、同时投入生产和使用。二是完善企业安全生产标准化建设机制。从20世纪80年代我国煤矿企业开展的"质量标准化、安全创水平"活动开始，企业逐渐意识到建立和推行安全生产标准化对于提高企业安全管理水平具有重要意义。新修订的《安全生产法》对推进安全生产标准化建设也提出明确要求。推进安全生产标准化工作，是加强安全生产工作的一项带有基础性、长期性、根本性的工作，是落实企业主体责任、建立安全生产长效机制的有效途径。企业在具体实践中，要通过落实安全生产主体责任，全员全过程参与，建立并保持安全生产管理体系，全面管控生产经营活动各环节的安全生产与职业卫生工作，实现安全健康管理系统化、岗位操作行为规范化、设备设施本质安全化、作业环境器具定置化，并持续改进。三是开展经常性的应急演练和人员避险自救培训。近年来，一些企业发生了多起一人涉险、多人遇难的惨痛事故，与企业和相关人员不会处置或处置不当有很大关系。根据《安全生产法》《突发事件应对法》等有关规定，企业应开展经常性的应急演练和人员避险自救培训，着力提升现场应急处置能力。通过开展经常性的应急演练和人员避险自救培训，既可以提高指挥人员现场指挥决策和协调能力，又可以全面提升企业员工的应急知识和应急救援疏散的技能。通过演练可以发现应急方案的有效性及人员组织管理工作等方面的不足，以便不断完善，使应急预案能够在事故发生时真正发挥作用，对于提高企业现场应急处置能力具有重要的促进作用。

（二十二）建立隐患治理监督机制
【原文】>>>>>>

制定生产安全事故隐患分级和排查治理标准。负有安全生产监督管理职责的部门要建立与企业隐患排查治理系统联网的信息平台，完善线上线下配套监管制度。强化隐患排查治理监督执法，对重大隐患整改不到位的企业依法采取停产停业、停止施工、停止供电和查封扣押等强制措施，按规定给予上限经济处罚，对构成犯罪的要移交司法机关依法追究刑事责任。严格重大隐患挂牌督办制度，对整改和督办不力的纳入政府核查问责范围，实行约谈告诫、公开曝光，情节严重的依法依规追究相关人员责任。

【导读】>>>>>>

强化隐患排查治理监督，是实现安全生产的重要手段。本条重点基于政府监管角度，从标准制定、信息平台建设、严格监督执法三个方面对建立隐患治理监督机制提出了要求。

1. 制定生产安全事故隐患分级和排查治理标准。制定统一的、覆盖各个行业领域的事故隐患分级和排查治理标准是建设隐患排查治理体系的重要基础性工作。一些地区先行先试，取得了有效经验，如湖北省组织专家编制了 108 个行业的隐患排查治理标准，通过在全省开展安全隐患大排查，2015 年排查治理隐患达 285 万余条，是过去 7 年的总和，全省生产安全事故总量、死亡人数和较大事故数量三项指标创历年新低。总结湖北等地经验做法，为进一步规范生产安全事故隐患排查治理工作，必须制定相关办法和标准，对各类事故隐患进行具体分级和分类，总结归纳相对应的排查治理对策，督促企业制定隐患排查清单，明确排查事项、重点部位、检查频次，实现企业对标排查，部门对标执法。

2. 建立监管部门与企业互联互通的信息平台。加强企业隐患排查治理监督检查是各级政府及相关监管执法部门的重要职责。为及时掌握企业隐患排查治理情况，抓好隐患治理监督检查，必须积极建立安全监管信息化平台，实现线上监控和线下监管相结合。近年来，北京、湖北、宁夏等地区积极探索，坚持以企业分级分类管理为基础，以隐患排查治理标准为依据，以网络信息系统为平台，建立线上线下相结合的隐患排查治理体系，在实践中取得了明显成效。总结借鉴湖北等地区开发隐患排查治理信息系统、实时监管企业隐患排查治理情况的有效做法，《意见》要求建立与企业隐患排查治理系统联网的一体化在线服务信息平台，完善线上线下配套监管制度，实现企业自查自改自报与部门实时监控的有机统一，以信息化推进隐患排查治理能力现代化。

3. 强化隐患排查治理监督执法。重大隐患整改不到位，极易引发重特大生产安全事故，严重威胁人民群众生命财产安全。如吉林省延边州庆兴煤矿"4·20"重大瓦斯爆炸事故中，事故煤矿无视3月30日省政府视频会议关于所有煤矿一律停产排查整改事故隐患的指令和要求，不但不组织隐患排查整改，而且还在停产整改期间严重违法违规组织生产，最终导致事故发生。因此，《意见》提出必须强化隐患排查治理监督执法的要求。一是加大处罚力度。根据《安全生产法》《行政强制法》等相关法律法规要求，对重大隐患整改不到位的企业依法采取停产停业、停止施工、停止供电和查封扣押等强制措施，按规定给予上限经济处罚，对构成犯罪的要移交司法机关依法追究刑事责任。二是严格重大隐患挂牌督办制度。对整改和督办不力的纳入政府核查问责范围，通过约谈告诫、公开曝光等手段，督促政府部门做好重大隐患治理工作，情节严重的要依法依规追究相关人员责任。强力推动企业落实隐患排查治理主体责任，切实解决有法不遵、执法不严的问题，做到真查真改。

（二十三）强化城市运行安全保障

【原文】 >>>>>>

定期排查区域内安全风险点、危险源，落实管控措施，构建系统性、现代化的城市安全保障体系，推进安全发展示范城市建设。提高基础设施安全配置标准，重点加强对城市高层建筑、大型综合体、隧道桥梁、管线管廊、轨道交通、燃气、电力设施及电梯、游乐设施等的检测维护。完善大型群众性活动安全管理制度，加强人员密集场所安全监管。加强公安、民政、国土资源、住房城乡建设、交通运输、水利、农业、安全监管、气象、地震等相关部门的协调联动，严防自然灾害引发事故。

【导读】 >>>>>>

随着经济社会发展，我国城市化进程明显加快，人口、功能和规模急剧扩张和复杂化，城市运行和管理更趋开放和自由，城市安全面临严峻挑战。近年来，上海、天津、青岛、深圳等地发生的重特大安全事故事件严重危害公共安全，直接冲击人民群众安全感。本条从构建城市安全保障体系，提高基础设施安全配置标准和检测维护，完善大型群众性活动安全管理制度，加强部门协调联动等方面提出要求。

1. 构建系统性、现代化的城市安全保障体系。城市安全与人民群众息息相关，城市安全事故给人民群众生命财产造成严重伤害和巨大损失。习近平总书记在中央城市工作会议上指出，要把安全放在第一位，把住安全关、质量关，把安全工作落实到城市工作和城市发展各个环节、各个领域。要尊重城市发展规律，构建系统性、现代化的城市安全保障体系。要坚持标本兼治，坚持关口前移，加强源头治理、日常防范，提高精细化水平。充分借助互联网、大数据等信息技术，定期排查区域内安全风险点、危险源，对各类风险点、危险源进行实时、动态监控。

2. 推进安全发展示范城市建设。《国务院关于坚持科学发展安全发展促进安全生产形势持续稳定好转的意见》（国发〔2011〕40号）提出安全发展示范城市的概念，要求创建若干安全发展示范城市。《国务院安委会办公室关于开展安全发展示范城市创建工作的指导意见》（安委办〔2013〕4号）明确了安全发展示范城市内涵，提出了总体要求和发展目标，即基本形成健全的城市安全生产责任体系和制度保障体系，有力的安全生产科技支撑体系，有效的城市安全生产与职业病危害防控体系，完善的城市公共安全基础防控体系，可靠的城市应急处置与事故救援体系，完善的安全生产与职业卫生监管监察体系，符合安全发展需要的经济结构和产业布局，以及科学的安全发展城市标准和目标考核体系。近年来，北京市朝阳区、顺义区，吉林省长春市，黑龙江省大庆市，浙江省杭州市，福建省厦门市、泉州市，山东省东营市，广东省广州市、珠海市，辽宁省大连市，河北省张家口市和湖北省襄阳市 13 个城市（区）作为创建全国发展示范城市试点单位，积极开展创建工作，起到了引领和借鉴作用。在总结试点创建的基础上，《意见》提出要推进安全发展示范城市建设工作，按这一要求，将进一步完善和优化创建工作实施方案，抓好组织实施，以利于进一步深化创建工作，大力提升城市安全发展水平。

3. 提高基础设施安全配置标准和检测维护。基础设施是城市的生命线，保障城市安全运行，必须加强基础设施安全保障。习近平总书记强调，要针对城市建设、危旧建筑、玻璃幕墙、渣土堆场、燃气管线、地下管廊等重点隐患，坚决做好安全防范。为此，《意见》针对城市基础设施安全提出明确要求：一是提高基础设施安全配置标准，提升城市建筑、交通、管网、消防、排水排涝等基础设施建设质量、安全标准和管理水平。二是加强城市基础建设的检测维护,重点是高层建筑、大型综合体、隧道桥梁、管线管廊、轨道交通、燃气、电力设施及电梯、游乐设施等。

4. 完善大型群众性活动安全管理制度。当前城市大型群众性活动越来越多，规模越来越大，组织管理不规范、不到位，应急处置不当，都极易发生重特大生产安全事故。2004年2月5日，北京密云密虹公园举办的迎春灯展发生特别重大踩踏事故，造成37人死亡。2014年12月31日，上海外滩陈毅广场发生拥挤踩踏事故，造成36人死亡。为吸取北京密云、上海外滩等地发生的群众性活动事故教训，有关部门应不断完善《大型群众性活动安全管理条例》等法规制度规定，合理界定大型活动范围，明确各方安全管理责任，严把审批关，推动大型活动安全保护工作市场化运作，加强体育比赛、演唱会、音乐会、展览展销、游园、人才招聘会等大型活动，祈福、烧香祭祀、民间杂耍等群众自发性娱乐活动以及服务场所举办的日常演出、庆祝等活动的安全监管。

5. 加强部门协调联动，防止自然灾害引发事故灾难。自然灾害是引发安全事故事件，造成生命及财产损失的重要因素之一。2007年8月17日，山东省新泰市连续两天集中强降雨，华源矿业公司因柴汶河决口引发溃水淹井，导致172人遇难。2015年6月1日，重庆东方轮船公司所属"东方之星"号客轮在湖北省荆州市监利县长江大马洲水道遭到强对流天气带来的强风暴雨袭击而翻沉，造成 442 人死亡。近年来，部分地区把安全生产纳入社会综合治理体系，实行城乡一体、全域覆盖、社会共治的安全管理模式，取得了明显成效。公安、民政、国土资源、住房城乡建设、交通运输、水利、农业、安全监管、气象、地震等相关部门要加强协调联动，充分发挥各自在安全宣传、安全巡查、信息联络、应急处置等方面的作用，防止地震、暴雨、泥石流、冰冻等气候原因或自然灾害引发生产安全事故。

（二十四）加强重点领域工程治理

【原文】>>>>>>

深入推进对煤矿瓦斯、水害等重大灾害以及矿山采空区、尾矿库的工程治理。加快实施人口密集区域的危险化学品和化工企业生产、仓储场所安全搬迁工程。深化油气开采、输送、炼化、码头接卸等领域安全整治。实施高速公路、乡村公路和急弯陡坡、临水临崖危险路段公路安全生命防护工程建设。加强高速铁路、跨海大桥、海底隧道、铁路浮桥、航运枢纽、港口等防灾监测、安全检测及防护系统建设。完善长途客运车辆、旅游客车、危险物品运输车辆和船舶生产制造标准，提高安全性能，强制安装智能视频监控报警、防碰撞和整车整船安全运行监管技术装备，对已运行的要加快安全技术装备改造升级。

【导读】>>>>>>

加强工程治理是重要基础性安全预防控制措施。当前，一些重点行业领域风险较高、隐患较多、事故易发多发，必须加快基础工程建设，提高安全保障能力。本条重点对矿山、危险化学品、道路交通等重点行业领域工程治理提出了明确要求。

1. 深化矿山灾害工程治理。一是深化煤矿瓦斯、水害等工程治理。煤矿安全是我国安全生产的重中之重。我国煤矿灾害比较严重，高瓦斯、煤与瓦斯突出、冲击地压、水文地质条件类型复杂矿井占到全国9千多处煤矿的1/3以上，并且随着开采深度的逐渐增加，这些灾害也越来越重。近年来我国煤矿安全形势持续稳定好转，但形势依然严峻复杂。一些地区和煤矿企业对灾害防治工作重视不够，煤矿致灾因素普查不清，防灾制度措施不落实，防灾装备运行不可靠等，导致事故频发。特别是煤矿瓦斯、水害等事故极易造成群死群伤，社会影响恶劣。必须采取工程治理手段，着力加强煤矿瓦斯、水害等重大事故隐患治理，大力提升煤矿安全保障能力。二是加强矿山采空区工程治理。截至 2015 年底，全国金属非金属矿山仍有 8 万多处，共有采空区 12.79 亿立方米。据 2001 年至 2015 年重特大生产安全事故统计，金属非金属地下矿山采空区引起的冒顶片帮、透水事故起数和死亡人数分别占地下矿山重特大生产安全事故总量的 42.3% 和 45.9%。因此，要全面排查可能造成重大人员伤亡的高风险采空区，推动地方政府和矿山企业，采取充填、崩落等科学有效的方式，及时消除采空区安全隐患，或采用封闭、监测、搬迁地表建筑等方式，控制采空区发生冒顶、透水、坍塌等事故的风险，或采取闭坑、转型、移交地方等方式，推动地质灾害治理和区域生态恢复。三是加强尾矿库的工程治理。截至 2015 年底，全国有"头顶库" 1425 座，其中病库 131 座。据不完全统计，自新中国成立以来，"头顶库"发生溃坝事故 21 起，占尾矿库溃坝事故总数的 55% 左右，其中重特大生产安全事故 13 起、死亡 707 人，全部发生在"头顶库"。特别是 2008 年山西襄汾新塔矿业公司"9·8"特别重大尾矿库溃坝事故，造成 281 人死亡，直接经济损失达 9619.2

万元。因此，要全面核实"头顶库"情况，建立一库一册档案，推动地方政府和企业采取有效方式改造一批、闭库治理一批、尾矿综合利用一批、搬迁下游居民一批，切实提高"头顶库"的安全保障能力。

2. 加快危险化学品和化工企业生产、仓储场所安全搬迁工程。目前，我国有各类危险化学品近3万种，涉及企业30余万家，由于历史原因，相当一部分企业与居民区安全距离不足，化工围城、城围化工的问题突出。如江苏南京是国内一座典型的石化工业重镇，在南京梅山、长江二桥至三桥沿岸地区、金陵石化及周边、大厂地区，密集分布着百余家化工、钢铁企业，这四大片区主要位于南京西南、正北、东北方向，几乎对南京城形成了"包围圈"。山东青岛"11·22"、天津港"8·12"等事故反映出危险化学品企业与居民区安全距离不足，会造成周边群众大量伤亡。危险化学品重点地区政府要制定和实施化工行业发展规划，科学确定本地区化工行业发展规模和定位，严禁在规划区外建设危险化学品生产存储项目；要按照党的十八届五中全会提出的要求，加快实施城镇人口密集区危险化学品生产、储存企业的搬迁、转产和关闭工作，全面推动石油化工企业退城入园，全力维护广大人民群众生命财产安全。

3. 深化油气开采、输送、炼化、码头接卸等领域安全整治。油气开采、输送、炼化、码头接卸过程充满风险，一旦发生事故，极易造成重大人员伤亡和经济损失，严重污染环境，社会影响恶劣。如重庆开县"12·23"、山东青岛"11·22"、辽宁大连"7·16"等特别重大生产安全事故。石油和天然气的生产经营与人民生活息息相关，油气管道与城市管网交叉重叠，如果规划设计不合理、隐患排查治理不及时、安全生产监管不到位，极易形成重大安全隐患，严重威胁人民群众生命财产安全。为避免类似山东青岛"11·22"等事故再次发生，必须对石油化工企业、石油库、油气长输管道、接卸码头等领域组织开展安全整治，严厉打击油气非法开采、输送管道周边乱建乱挖乱钻及管道超期未检、接卸码头私自改扩建等问题，完善油气输送管道保护和安全运行等法规与标准规范，建立健全相关安全生产监管体系和应急救援体系，实现油气生产安全事故明显减少，全面提升安全保障水平。

4. 强化交通运输领域安全工程整治。习近平总书记强调，必须加强基础设施建设，要针对交通运输等重点行业做好安全防范，提升安全保障能力。目前，我国道路交通事故死亡人数占各类事故总死亡人数的80%以上，必须抓住关键、重点突破，依靠工程技术手段，大幅度降低交通事故。一是实施高速公路、乡村公路和急弯陡坡、临水临崖危险路段公路安全生命防护工程建设。目前，道路交通在数量快速增长和规模不断扩大的同时，质量和功能、服务和管理等方面还不能完全适应安全发展的要求，特别是部分早期建成的农村公路临水临崖、坡陡弯急，缺乏必要的安全设施，存在较高安全风险。因此，要全面实施"公路安全生命防护工程"，规范建设农村公路道路交通安全设施，提升高速公路交通管控设施覆盖率，实现公路交通安全基础设施明显改善、安全防护水平显著提高。二是加强高速铁路、跨海大桥、海底隧道、铁路浮桥、航运枢纽、港口等防灾监测、安全检测及防护系统建设。当前，我国交通运输行业处于高速发展建设阶段，高速铁路里程不断增加，多个跨海大桥、海底隧道等重大交通基础工程开工建设和投入使用，给安全生产工作带来新挑战，如"7·23"甬温线特别重大铁路交通事故，造成40人死亡，172人受伤。为此，《意见》提出要对重大交通设施加强防灾监测、安全检测及防护系统建设，利用技术和工程手段提高安全保障水平。三是完善长途客运车辆、旅游客车、危险物品运输车辆和船舶生产制造标准，提高安全性能。公安交通部门统计资料显示，近年来发生的导致 10 人以上死亡的重特大交通事故，运输里程在 1000 公里以上的超长途客运车辆事故和危险化学品运输车辆占了很大比例。如 2014 年 3 月 1 日，晋济高速岩后隧道发生特别重大交通事故，导致甲醇泄漏燃烧引起爆炸，造成 31 人死亡，9 人失踪和 42 辆车不同程度损毁，伤亡和损失惨重，令人痛心、发人深省。因此，必须提升车辆船舶安全技术标准，强制安装智能视频监控报警、防碰撞和整车整船安全运行监管等先进适用的安全技术装备，对已运行的加快安全技术装备改造升级和安全辅助驾驶技术的应用，提升运输车辆本质安全水平；加快全国统一的危险物品道路运输全链条监管信息平台建设，从源头上防止和消除事故隐患。

（二十五）建立完善职业病防治体系

【原文】>>>>>>

将职业病防治纳入各级政府民生工程及安全生产

工作考核体系，制定职业病防治中长期规划，实施职业健康促进计划。加快职业病危害严重企业技术改造、转型升级和淘汰退出，加强高危粉尘、高毒物品等职业病危害源头治理。健全职业健康监管支撑保障体系，加强职业健康技术服务机构、职业病诊断鉴定机构和职业健康体检机构建设，强化职业病危害基础研究、预防控制、诊断鉴定、综合治疗能力。完善相关规定，扩大职业病患者救治范围，将职业病失能人员纳入社会保障范围，对符合条件的职业病患者落实医疗与生活救助措施。加强企业职业健康监管执法，督促落实职业病危害告知、日常监测、定期报告、防护保障和职业健康体检等制度措施，落实职业病防治主体责任。

【导读】 >>>>>>

职业病防治工作关系到广大劳动者的身心健康，是重大的民生问题。本条重点从加强政府主导、强化源头治理、完善支撑保障体系建设以及落实职业病防治主体责任四个方面对建立完善职业病防治体系提出了要求。

1. 将职业病防治纳入民生工程和安全生产考核

体系。近年来，我国的职业健康监管工作取得了积极进展，但是总体发展不平衡，面临的形势依然严峻，职业病导致的群体性事件时有发生。2011 年以来，先后发生了甘肃古浪、江西修水等职业病群体性事件，在社会上造成了不良影响。近年来，每年新报告职业病病例近 3 万例，尘肺病和职业性化学中毒占全部职业病的 90% 以上；传统职业病危害依然严重，新的职业病危害因素不断出现；劳动用工制度发生深刻变革，农民工、劳动派遣人员等工人流动性强，职业病危害较为严重。职业病防治是一项长期性的基础工作，要将职业病防治工作纳入各级政府民生工程及安全生产工作考核体系，制定中长期规划，实施职业健康促进计划，形成用人单位负责、行政机关监管、行业自律、职工全面参与和社会广泛监督的职业病防治工作格局，全面提升职业病防治工作整体水平。地方各级政府相关部门要完善相关规定，扩大职业病患者救治范围，将职业病失能人员纳入社会保障范围，对符合条件的职业病患者落实医疗与生活救助措施。

2. 强化职业病危害源头治理。我国职业病危害因素分布广泛。从传统工业到第三产业及新兴产业，矿山、冶金、建材、医药、化工等 30 多个行业领域存在 450 余种职业病危害因素，其中纳入目录的职业病有 10 大类 132 种，接触职业病危害因素的人群数以亿计。因此，必须认真贯彻落实《职业病防治法》《工作场所职业卫生监督管理规定》等法律法规，从源头治理入手，强化职业健康工作。一是加强职业病源头治理和前期预防，建立职业病危害防治落后技术、工艺、设备和材料的淘汰、限制名录管理制度，引导职业病危害较严重的企业主动进行工艺改造和转型升级，淘汰落后产能，推广应用新技术、新工艺、新设备和新材料。实施矿山、有色、冶金、建材等职业病危害严重用人单位的技术和工艺改造、设备更新和材料替代以及关闭退出等专项治理活动。二是开展中小微型用人单位职业病危害治理帮扶行动，努力解决中小微型用人单位职业病危害，设立小微型用人单位职业病防治的公益性指导与援助平台，建立小微型用人单位职业病危害治理活动专项资金制度。三是在做好传统职业病源头治理的同时，还要按照职业健康实际需求，加强新的职业病危害的识别、评价与控制，切实保护广大劳动者的职业健康。

3. 健全职业健康监管支撑保障体系。我国已经初步形成职业健康监督与技术服务网络，但职业病危害治理工作基础仍然薄弱。目前，国家、省、市、县四级职业健康技术支撑体系特别是地市和县区级支撑体系尚未完全建立。职业健康技术服务力量严重不足。目前，全国仅有各类职业健康技术服务机构1180余家，且有近半数以上是卫生系统的疾病控制中心，据估算，我国约有1200万个企业存在职业病危害，现有的机构无法满足数量庞大的企业职业健康技术服务需求。职业健康科技创新、技术研发和应用能力不足，有利于减少或消除职业病危害的新技术、新工艺、新设备、新材料的研发和推广应用远不能适应当前职业健康工作的需要。因此，必须强化职业健康监管支撑保障体系建设：一是加强职业病诊断、职业健康检查机构能力和体系建设。合理确定职业健康检查、职业病诊断机构的布局、规模、功能、数量，鼓励具备条件的行业、企业医疗卫生机构开展职业病诊断、职业健康检查工作，规范诊疗行为，提高治疗技术水平。二是完善保障救助措施。大力推进《劳动合同法》和《工伤保险条例》的贯彻落实，规范用人单位劳动用工管理，在高危行业推行平等协商和劳动安全卫生专项集体合同制度，完善大病保险和医疗救助制度，研究建立尘肺病防治基金，逐步形成政府救助与社会关爱相结合的工作格局。三是强化职业卫生技术服务支撑作用。加强职业卫生技术服务机构能力建设，支持社会性技术服务机构发展，合理设置职业卫生技术服务机构的服务区域，加强基层职业卫生技术服务机构质量控制、职业卫生专家队伍的建设与管理，推动在大专院校设置职业卫生、职业医学、放射卫生等专业。

4. 强化落实企业职业病防治主体责任。企业是职业病防治的责任主体，监管执法是督促企业落实主体责任的直接有效手段。目前我国职业病危害较为严重，企业未按要求开展建设项目职业病防护设施"三同时"工作，职业病危害项目申报、工作场所职业病危害因素定期检测、职业健康监护和职业健康培训等措施落实不力，加上劳动者自身防护意识淡漠，造成职业病高发多发。因此，必须落实强化企业职业病防治主体责任。一是建立用人单位自主开展职业病危害防治活动的工作机制，推动实施全国统一的职业病危害严重用人单位的职业卫生管理人员培训考核管理制度。二是强化用人单位法律意识和社会责任感，落实职业卫生管理责任制，开展工作场所职业病危害因素定期检测，按规定申报职业病危害项目，规范职业病危害告知、警示标识设置和个体防护用品配备。
三是依法组织开展职业健康检查，为劳动者建立职业
健康监护档案。四是接触职业病危害因素劳动者多、
危害程度重的用人单位应设置职业卫生管理部门，配
备职业卫生专业医师或有执业医师资格的人员。

第六章

加强安全基础保障能力建设

◎完善安全投入长效机制

◎建立安全科技支撑体系

◎健全社会化服务体系

◎发挥市场机制推动作用

◎健全安全宣传教育体系

【背景】

"求木之长者，必固其根本。"安全生产工作具有长期性、复杂性、艰巨性的特点，要实现安全发展，必须强基固本。党的十八届五中全会提出：加强安全生产基础能力建设，切实维护人民生命财产安全。习近平总书记强调：加强安全生产基础能力建设，构建人防、物防、技防网络，实现人员素质、设施保障、技术应用的整体协调。

近年来，在党中央和国务院的坚强领导下，安全保障能力不断提升，为促进安全生产形势持续稳定好转发挥了重要作用，但一些事故暴露出安全生产投入不足、安全科技支撑能力不强、社会化服务体系不够健全、市场机制作用没有充分发挥、小微企业发展迅猛但保障能力弱、从业人员特别是农民工安全素质不高等突出问题。夯实安全生产基础，必须从体系化建设入手，加快织密安全生产保障网。

《意见》从完善安全生产投入长效机制、建立安全科技支撑体系、健全社会化服务体系、发挥市场机制推动作用、健全安全宣传教育体系等方面，对夯实安全生产基础提出明确要求。

（二十六）完善安全投入长效机制

【原文】>>>>>>

加强中央和地方财政安全生产预防及应急相关资金使用管理，加大安全生产与职业健康投入，强化审计监督。加强安全生产经济政策研究，完善安全生产专用设备企业所得税优惠目录。落实企业安全生产费用提取管理使用制度，建立企业增加安全投入的激励约束机制。健全投融资服务体系，引导企业集聚发展灾害防治、预测预警、检测监控、个体防护、应急处置、安全文化等技术、装备和服务产业。

【导读】>>>>>>

安全投入是安全生产的基本保证。本条从中央、地方、企业和社会等方面提出建立共同承担、各负其责的安全投入长效机制。

1. 加大安全生产与职业健康投入。安全生产投入是安全生产的前提和保障。目前，中央和大部分地方财政均以不同形式设立了安全生产专项资金。2015年，国家在清理整顿专项资金的情况下，专门设立了安全生产及应急救援资金，并出台了《安全生产预防及应急专项资金管理办法》，在中央层面对资金管理和使用作了具体要求。在此基础上，《意见》提出要持续加大安全生产与职业健康投入，规范安全生产预防及应急专项资金管理，强化审计监督，管好、用好这些专项资金。

2. 完善《安全生产专用设备企业所得税优惠目录》。市场经济条件下，政府对安全生产实施监督管理主要依靠法律、行政和经济手段。要进一步研究健全完善各项经济政策，不断调整优化，充分发挥引导推动作用。如《安全生产专用设备企业所得税优惠目录》（简称《目录》）是经国务院批准，由财政部、税务总局、安全监管总局联合制定的，规定企业购置并实际使用列入《目录》范围内的安全生产专用设备，可以按专用设备投资额的 10%，抵免当年企业所得税应纳税额。自 2008 年《目录》修订以来，我国产业结构已发生了较大变化，新设备、新技术、新材料不断出现，客观上要对《目录》内容进行适时调整，完善相关条款，扩大优惠范围和力度。

3. 建立企业增加安全投入的激励约束机制。2004 年，财政部牵头制定了《煤炭生产安全费用提取和使用管理办法》，规定煤炭生产安全费用的提取和使用由企业自行管理，以后逐步扩大到烟花爆竹、非煤矿山、危险化学品、民用爆炸物品、交通运输、建筑施工等高危行业领域；2012 年 2 月，又修订发布了《企业安全生产费用提取和使用管理办法》，扩大到冶金、机械制造、军工等行业领域，提高了提取比例，拓展了使用范围，明确了财务管理要求。但是，当前基层企业安全生产费用提取和使用监督机制不健全，部分企业未能足额提取安全生产费用，影响正常的安全生产投入，还存在将安全生产费用挪作他用的现象。为此，要完善激励约束机制，制定相关优惠政策，调动企业增加安全投入的积极性，确保足额提取和使用安全生产费用。

4. 引导企业集聚发展安全产业。安全产业是为安全生产、职业健康、防灾减灾、应急救援等安全保障活动提供专用技术、装备和服务的新兴基础产业，是安全生产由"人防"向"技防""物防"发展的主要实现途径。目前，我国安全产业进入快速发展期，市场规模逐步扩大，产值达4000多亿元，为实现安全发展提供了重要支撑。但仍然要看到，由于缺乏系统规划和引导，当前我国安全产业存在市场发育不完善，企业规模偏小，产业集中度低，安全技术、装备和服务水平比较落后等问题。为促进安全产业集聚和发展，必须健全投融资服务体系，鼓励支持引导金融机构和社会资本加大对安全产业的投入和支持，制定产业规划和标准，引导企业集聚发展灾害防治、预测预警、检测监控、个体防护、应急处置及安全文化等技术、装备和服务产业。

（二十七）建立安全科技支撑体系
【原文】>>>>>>

优化整合国家科技计划，统筹支持安全生产和职业健康领域科研项目，加强研发基地和博士后科研工作站建设。开展事故预防理论研究和关键技术装备研发，加快成果转化和推广应用。推动工业机器人、智能装备在危险工序和环节广泛应用。提升现代信息技术与安全生产融合度，统一标准规范，加快安全生产信息化建设，构建安全生产与职业健康信息化全国"一张网"。加强安全生产理论和政策研究，运用大数据技术开展安全生产规律性、关联性特征分析，提高安全生产决策科学化水平。

【导读】>>>>>>

科技是第一生产力，也是推动安全发展的不竭动力。为加快形成以企业为主体，政府引导、产学研协同、多元投资、成果共享的安全生产科技支撑体系，本条提出了四方面措施。

1. 统筹支持安全生产和职业健康领域科研项目与研发基地建设。安全生产必须紧紧依靠科技进步，以科技创新驱动安全发展。要把安全科技纳入国家科技创新规划，优化整合年度国家科技计划，加大对安全生产和职业健康科研项目的支持力度，推动安全生产科技工作深入发展。同时，加强国家级重点实验室、工程技术研究中心、博士后工作站研发基地建设，强化支撑保障能力。

2. 加快安全生产关键技术装备研发、推广和应用。科技创新是安全生产的重要保障，也是遏制重特大生产安全事故的重要支撑。一是以安全生产科技需求为纽带，围绕安全生产面临的重大科技问题，整合国内优势科技资源，发挥科研院所和高校安全生产科技创新的优势作用，积极推动开展事故预防理论研究，加强重点行业和领域安全关键技术装备研发，力求取得突破性成果，切实解决困扰安全生产的理论和技术难题。二是坚持开发与应用并重，加强产、学、研的结合，打造安全生产重大科技成果研发、试验、检测、孵化、生产、应用、推广功能完整的安全生产技术支撑链，形成门类齐全、领域广泛、布局合理、支撑有力的支撑平台，促进安全科技转变为保障安全生产的现实生产力。三是加强工业机器人、智能装备的研发应用，利用信息化、自动化技术，在高危行业领域通过"机械化换人、自动化减人"减少危险工序和环节的作业人员，避免事故造成人员伤亡，强化安全生产保障能力。例如，浙江省化工产业产值居全国前列，省政府在财政上连续6年给予资金支持，积极推进危险岗位"机器换人"计划，在事故控制和化工产业升级方面取得了明显成效，并培育出一批技术领先的智能集成设备制造企业。

3. 加快安全生产信息化建设，构建安全生产与职业健康信息化全国"一张网"。加强信息化建设是提高安全生产管理水平的重要手段，是增强安全生产监管时效性的重要保障。要依托国家电子政务外网、互联网和现有软硬件资源，以安全生产数据为基础，按照国家统筹规划，中央、地方政府和企业分级分步建设相结合的思路，构建覆盖国家安全生产监督管理部门、国务院安全生产委员会有关成员单位、省级安全生产监督管理部门、地方煤炭行业管理部门、生产经营单位（煤矿、非煤矿山、危险化学品、烟花爆竹、工贸等行业领域）、中介服务机构、社会公众7类用户的国家安全生产监管信息平台，建成纵向从国家安全监管总局到地方各级安全生产监管监察部门，横向由各级安全生产监督管理部门到本级安全生产委员会成员单位、重点生产经营单位的资源共享、互联互通的安全生产监管信息平台，构建安全生产与职业健康信息化全国"一张网"，实现安全生产基础信息规范完整、动态信息随时调取、执法过程便捷可溯、应急处置快捷可视、事故规律科学可循，全面提升安全生产监管监察信息化水平。

4. 加强安全生产理论和政策研究。安全生产政策反映了党和政府安全生产工作的基本方针、重大原则和阶段性对策措施，对建立安全生产工作激励约束机制和长效机制，正确认识安全生产与经济社会发展的关系，调动企业、政府及社会各方面安全生产的积极性具有重要推动作用。要加快推动安全生产形势持续稳定好转，必须不断创新安全生产理论，做好安全生产政策研究工作，强化理论政策的导向作用，尽快形成符合国情、符合实际的安全生产政策体系，更好地指导安全生产工作。同时，要大力运用安全生产"大数据"技术，在安全生产领域推进"循数管理"，加强对安全生产规律性、关联性特征的分析，强化科学预判和决策作用，提高安全生产科学化决策水平。

（二十八）健全社会化服务体系

【原文】>>>>>>

将安全生产专业技术服务纳入现代服务业发展规划，培育多元化服务主体。建立政府购买安全生产服务制度。支持发展安全生产专业化行业组织，强化自治自律。完善注册安全工程师制度。改革完善安全生产和职业健康技术服务机构资质管理办法。支持相关机构开展安全生产和职业健康一体化评价等技术服务，严格实施评价公开制度，进一步激活和规范专业技术服务市场。鼓励中小微企业订单式、协作式购买运用安全生产管理和技术服务。建立安全生产和职业健康技术服务机构公示制度和由第三方实施的信用评定制度，严肃查处租借资质、违法挂靠、弄虚作假、垄断收费等各类违法违规行为。

【导读】>>>>>>

本条坚持政策引导、部门推动、市场运作的原则，以安全生产服务需求为导向，以提升安全生产服务能力为目标，加快建立主体多元、覆盖全面、配套综合、机制灵活、运转高效的新型安全生产社会化服务体系，更好地为安全生产和职业健康提供专业科技、安全管理、教育培训、安全文化等社会化服务。要点是：培育多元化服务主体、改革技术服务机构管理办法、强化行业自律、完善注册安全工程师制度等。

1. 培育多元化服务主体。安全生产专业技术服务机构是政府安全生产监管和企业安全生产管理工作的重要支撑力量，目前来看，存在服务力量单一、技术水平薄弱、整体规模偏小等问题。要坚持服务于企业安全生产、政府安全监管、公众安全教育，坚持专项服务与综合服务相结合，充分发挥市场作用，将安全生产专业技术服务纳入现代服务业发展规划，培育多元化服务主体。一是建立政府购买安全生产服务制度。十八届五中全会提出，创新公共服务提供方式，能由政府购买服务提供的，政府不再直接承办。对于安全生产工作，就是要把安全生产监督管理部门负责的部分公共服务事项以及履职所需要的服务事项，依法依规通过政府购买服务的形式，交给具有条件的事业单位、行业组织和技术服务机构承担。二是鼓励中小微企业订单式、协作式购买运用安全生产管理和技术服务。当前，中小微企业普遍存在安全技术管理人员缺乏、安全基础薄弱等问题。要实施多元化的服务模式，鼓励企业根据实际情况通过委托、合作的方式购买安全管理技术服务，提高安全生产整体水平。一种是企业委托服务模式。企业选择安全生产服务外包的对象，与安全生产专业服务机构签订服务外包合同。另一种是协作互助模式。同一区域或同一行业的企业，组成安全生产管理协作小组，互助开展安全生产工作。

2. 激活和规范安全生产和职业健康专业技术服务市场。充分发挥市场机制推动作用，逐步改革现有行政许可式的市场准入模式，按照中央简政放权的要求，合理发挥市场资源优化配置作用，建立市场主导、企业自主、政府监管、行业自律的安全评价、检测检验监管体系。一是依据《国务院办公厅关于清理规范国务院部门行政审批中介服务的通知》，改革安全生产和职业健康技术服务机构资质管理办法，加强日常监管。二是推进安全生产和职业健康一体化工作，支持有基础的技术服务机构整合资源，对同一企业、同类事项实行安全生产和职业健康一体化评价、检测等服务。三是针对个别地区安全评价与检测检验服务机构行为不规范，从业人员依法守法意识不强，评价报告质量不高、作用发挥不明显等问题，实施评价公开制度，通过网上公开等方式，强化社会监督，提高安全评价专业技术服务水平，切实发挥技术服务对事故预防的保障作用。

3. 加强安全生产和职业健康技术服务机构管理，强化专业化行业组织自治自律。目前，规范有序的社会化服务市场尚未完全形成，部分安全生产和职业健康技术服务机构从业行为不规范，违法出具虚假报告等问题时有发生。天津港"8·12"事故调查中发现，天津中滨海盛科技发展有限公司、天津中滨海盛卫生安全评价监测有限公司、天津水运安全评审中心、天津市化工设计院等技术服务机构弄虚作假，违法违规进行安全审查、评价、验收，致使不具备安全生产条件的瑞海公司堆场改造项目通过审查。对此，提出了两个方面的改革措施。一是通过信用评定、公示等制度化建设，规范安全生产与职业健康技术服务机构从业行为，严肃查处租借资质、违法挂靠、弄虚作假、垄断收费等违法违规现象，强化诚信意识，维护公平公正、竞争有序的技术服务体系，确保安全生产中介服务工作的科学性、严肃性。二是理顺安全生产监督管理部门与相关行业组织之间的关系，明确相关协会组织职能，通过委托、授权或政府购买服务等方式，将适宜协会承担的有关安全生产和职业健康法规标准起草、示范创建、相关资质管理等公共服务和管理事项，可通过竞争方式交给行业组织承担。同时，坚持行政监管指导与行业自律相结合，把实施行业自律作为行业组织的重要职责，加强对技术服务机构的指导和管理。

4. 完善注册安全工程师制度。注册安全工程师制度是《安全生产法》明确规定的一项法律制度。目前，全国已有28.6万人取得注册安全工程师（含注册助理安全工程师）执业资格，成为企业安全技术管理、专业服务机构的主体和中坚力量。2015年5月出台的《国务院关于取消非行政许可审批事项的决定》将注册安全工程师执业资格认定作为非行政许可类审批事项予以取消，注册安全工程师的资格类别、管理方式等面临改革调整。2016年1月中央办公厅督察调研报告中提出要研究改进注册安全工程师管理的政策措施。为此，要坚持严格标准、规范有效、科学管理的原则，完善注册安全工程师管理制度。制定安全技术能力水平考核认定办法，建立完善考核管理制度；根据行业领域安全生产特点，将注册安全工程师划分专业类别，实施分类分级管理。

（二十九）发挥市场机制推动作用

【原文】 >>>>>>

取消安全生产风险抵押金制度，建立健全安全生产责任保险制度，在矿山、危险化学品、烟花爆竹、交通运输、建筑施工、民用爆炸物品、金属冶炼、渔业生产等高危行业领域强制实施，切实发挥保险机构参与风险评估管控和事故预防功能。完善工伤保险制度，加快制定工伤预防费用的提取比例、使用和管理具体办法。积极推进安全生产诚信体系建设，完善企业安全生产不良记录"黑名单"制度，建立失信惩戒和守信激励机制。

【导读】 >>>>>>

健全完善市场化激励约束机制，重点从建立健全安全生产责任保险制度、完善工伤保险制度、推进诚信体系建设三个方面提出政策措施。

1. 取消安全生产风险抵押金制度，建立健全安全生产责任保险制度。2006 年，财政部、国家安全监管总局、人民银行联合制定下发《企业安全生产风险抵押金管理暂行办法》，对落实企业安全生产责任、保障事故抢险救援发挥了积极作用。但随着责任保险市场的发展，风险抵押金制度逐步暴露出缴存标准不合理、风险防控功能有限、事故赔偿能力不足等问题，特别是长期占压企业资金，加重企业经营负担，已不能有效满足安全生产风险防控需要，风险抵押金制度改革势在必行。按规定，每个企业的缴存额度为 30 万元至 500 万元不等，若全国足额缴纳，至少可达 3200 亿元。而实际到 2014 年底，全国只缴纳 92.91 亿元，缴存比例仅为 2.9% 。除此之外，利用率还很低。截至 2014 年底，用于事故抢险救援善后处理的费用约 7839.79 万元，支出比例仅为 0.84% 。安全生产责任保险制度在国外是一项成熟的保险制度，具有风险转嫁能力强、事故预防能力突出、注重应急救援和第三者伤害补偿等特点，对维护生命财产安全作用明显。国务院研究室也提出了改革安全生产风险抵押金与责任保险制度的建议，提出应当借鉴国外经验，取消安全生产风险抵押金制度，建立完善相关法律法规，建立安全生产责任保险制度，坚持防控风险、费率合理、理赔及时、互利共赢的原则，在矿山、危险化学品、烟花爆竹、交通运输、建筑施工、民用爆炸物品、金属冶炼、渔业生产等高危行业领域强制实施，充分运用保险价格杠杆的手段，调动社会相关方积极性，共同为企业加强安全生产工作提供保障。

2. 完善工伤保险制度。中共中央办公厅在 2016 年初的《督促检查情况》中提出"工伤保险制度没有发挥好事前预防和事后赔偿的重要功能""商业保险机构作用发挥亟待加强"等问题。总体来看，现有的工伤保险存在资金占用大、利用率低、未实现效益最大化和使用效率最优化等问题，没有发挥好事前预防和事后赔偿的重要功能，亟待改革完善。审计署在《工伤保险基金审计结果》（2016 年第 8 号）中指出，工伤预防费和浮动费率制度建设及执行滞后。工伤预防费管理办法建设方面，2010 年修订的《工伤保险条例》规定，工伤预防费提取比例、使用、管理办法应由人力资源社会保障部会同财政部、卫生计生委、国家安全监管总局等部门共同制定，但至今仍未出台。浮动费率机制落实方面，35 个抽审地区中，有 11 个尚未出台工伤保险费率浮动办法。预防制度执行方面，审计的 17 个省所属全部 224 个地级以上城市中，仅有 115 个城市（占 51.34%）使用工伤保险基金开展工伤预防工作；重点抽查的人力资源社会保障部 2013 年确定的 14 个工伤预防试点城市中，有 4 个尚未按照要求开展试点工作，另外 10 个实施工伤预防的试点城市预防支出仅占基金总支出的 0.79%。同时，目前工伤保险实行事业单位行政化管理，缺乏商业保险机构运用差别费率和浮动费率开展风险预防控制的内在积极性，与国外成熟做法相比，预防功能缺失，但却有大量资金闲置。审计结果指出，延伸调查的高风险企业的农民工平均参保率仅为

49.48%。2013 年至 2015 年，抽审地区工伤保险基金收入 652.16 亿元，至 2015 年底累计结余 418.15 亿元。因此，需要进行体制性和制度性改革，完善工伤保险制度，制定和实施工伤保险事故预防费用的提取比例、使用和管理办法，从工伤保险费中提取一定比例资金，专门用于事故预防工作。

3. 积极推进安全生产诚信体系建设。党的十八届五中全会提出，要完善社会信用体系。推进安全生产诚信体系建设，是督促落实安全生产责任制的重要途径。《关于对安全生产领域失信生产经营单位及其有关人员开展联合惩戒的合作备忘录》提出，通过全国信用信息共享平台向全国企业信用信息公示系统及各部门相关系统即时提供安全生产领域存在失信行为的生产经营单位及有关人员相关信息，在国家安全监管总局政府网站、"信用中国"网站和企业信用信息公示系统向社会公布。各有关部门根据生产经营单位及有关人员失信行为严重程度，依法依规对其实施联合惩戒。

（三十）健全安全宣传教育体系

【原文】 >>>>>>

将安全生产监督管理纳入各级党政领导干部培训

内容。把安全知识普及纳入国民教育，建立完善中小学安全教育和高危行业职业安全教育体系。把安全生产纳入农民工技能培训内容。严格落实企业安全教育培训制度，切实做到先培训、后上岗。推进安全文化建设，加强警示教育，强化全民安全意识和法治意识。发挥工会、共青团、妇联等群团组织作用，依法维护职工群众的知情权、参与权与监督权。加强安全生产公益宣传和舆论监督。建立安全生产"12350"专线与社会公共管理平台统一接报、分类处置的举报投诉机制。鼓励开展安全生产志愿服务和慈善事业。加强安全生产国际交流合作，学习借鉴国外安全生产与职业健康先进经验。

【导读】 >>>>>>

不断强化从业人员在生产过程中的安全意识、安全知识和安全技能，有效提升全民安全素质，是做好安全生产工作的基础。本条从四个方面提出了健全安全宣传教育体系的措施，重点是：加强安全教育培训、推进安全文化建设、加大安全宣传和舆论监督、加强国际交流合作。

1. 加强安全教育培训。美国著名学者海因里希经过大量调查研究发现，各类事故发生的因素存在88∶10∶2的规律，即100起事故中，有88起是因为人的不安全行为造成的，10起是因为"物"的不安全状态造成的，仅有2起是由不可控因素造成的。发生不安全行为的根本原因是从业人员安全素质不高，具体体现为安全意识不强，安全知识不足，安全技能缺乏。必须通过安全教育培训，提升安全素质。一是将安全生产监督管理纳入各级党政领导干部培训内容，进一步强化党政领导干部安全生产红线意识和底线思维，牢固树立安全发展观念，提升安全生产监管水平。如，《云南省安全生产党政同责暂行规定》提出，要建立安全生产学习制度。各级党委（党组）中心组每年至少安排1次集体学习，专题学习安全生产有关法律法规和重大方针政策、典型事故案例等，各级党校（行政院校）要将安全生产纳入干部培训教育内容。二是把安全知识普及纳入国民教育，建立完善中小学安全教育和高危行业职业安全教育体系。系统规划和科学设定各层次安全教育的目标定位、原则要求、实施路径，编写安全知识教育读本，发挥课堂教学主渠道作用，分阶段、分层次安排安全教育内容。三是把安全生产纳入农民工技能培训内容。目前，绝大多数农民工文化程度较低、安全意识淡薄、劳动技能不高，并且多从事条件较为艰苦的高危行业，是各类生产安全事故的肇事者也是受害者。据统计，煤矿、非煤矿山、危险化学品、烟花爆竹四个高危行业共有农民工 596.6 万人，占从业人员的 66.3%；每年职业伤害、职业病新发病例和死亡人员中，半数以上是农民工。因此，要把安全生产纳入"阳光工程"，针对农民工文化素质低、接受能力差的特点，采取通俗易懂、生动有效的培训方法和措施，加强农民工安全生产教育培训，切实提升安全意识和素质。四是严格落实企业安全教育培训制度。提高全员特别是生产一线岗位员工的安全意识，规范作业行为，切实做好岗前三级培训和复训，做到先培训、后上岗，实现岗位达标，才能有效减少和杜绝"三违"现象，全面提升现场安全管理水平。

2. 推进安全文化建设。安全文化是安全生产工作的重要组成部分，要推进安全文化建设，创新方式方法，积极培育先进的安全文化理念，持续组织开展"安全生产宣传月"等丰富多彩的活动。加强生产安全事故警示教育，推动建立安全生产警示教育馆、安全体验馆等基地，提升全民安全意识和法制意识，推动社会各界重视、参与和支持安全生产工作。

3. 加强安全生产公益宣传和舆论监督。习近平总书记指出，要坚持群众观点和群众路线，拓展人民群众参与公共安全治理的有效途径、加强安全公益宣传、动员全社会的力量来维护公共安全。因此，一要发挥工会、共青团、妇联等群团组织作用，搭建安全生产工作载体，开展群众性安全生产活动，依法维护职工群众的知情权、参与权与监督权。二要充分发挥中央和地方主流媒体作用，加大安全生产信息传播力度和覆盖面。围绕事故警示教育、安全科普、安全提示等角度进行选题策划，借助视频、广播、平面等媒介多渠道制作公益广告，形成一批精品栏目和艺术作品，并推荐在中央主流媒体、地方各级媒体和新媒体平台播出刊发，引导广大民众关心关注参与安全生产。三要健全公众参与监督的激励机制，充分发挥媒体舆论监督作用。加强"12350"安全生产举报电话管理，做好与社会公共管理平台的对接，完善举报投诉机制，鼓励群众积极举报安全生产领域违法行为，做到及时接听、及时核实处理、及时答复，采取有力措施保护举报人个人信息及人身安全，并确保举报奖励发放到位。四要充分发挥社会公众力量，积极组织开展安全生产志愿服务进机关、进企业、进学校、进乡村、进社区、进家庭以及人员聚集场所，广泛宣传安全生产法律法规常识。鼓励开展慈善事业，通过设立慈善基金、开展慈善捐款等方式，助力安全生产，强化安全基础保障和事故救助救援能力。

4. 加强安全生产国际交流合作。发达国家普遍经历了生产安全事故上升、高发、下降、平稳的发展历程，在促进安全发展尤其是事故预防方面有很多好的经验和做法。要通过加强国际交流与合作，拓宽国际视野，学习、吸收和借鉴国外安全生产与职业健康先进技术和理念、管理方面的有益经验，大力提升我国安全生产工作整体水平。

附录一

国务院安全生产委员会关于认真学习宣传贯彻落实《中共中央 国务院关于推进安全生产领域改革发展的意见》的通知

安委明电〔2016〕4 号

各省、自治区、直辖市人民政府及新疆生产建设兵团，国务院安委会各成员单位，各中央企业：

为认真学习宣传、贯彻落实《中共中央 国务院关于推进安全生产领域改革发展的意见》（以下简称《意见》）精神，统筹推动安全生产领域改革发展，经国务院领导同志同意，现就有关事项通知如下：

一、充分认识《意见》出台的重大意义，强化抓好贯彻落实的政治自觉和责任自觉

《意见》的出台实施，充分体现了以习近平同志为核心的党中央对安全生产工作的高度重视和以人民为中心的发展思想。《意见》以习近平总书记关于安全生产系列重要指示精神为指导，紧紧围绕统筹推进

"五位一体"总体布局和协调推进"四个全面"战略布局，牢固树立五大发展理念，坚持安全发展，顺应全面建成小康社会的客观要求，总结实践经验，吸收创新成果，坚持目标导向和问题导向，科学谋划了安全生产领域改革发展的蓝图。《意见》从健全落实安全生产责任制、改革安全监管监察体制、大力推进依法治理、建立安全预防控制体系、加强安全基础保障能力等方面，着重解决安全生产体制机制法制等深层次问题，提出了加强和改进安全生产工作的一系列重大改革举措和任务要求，是当前和今后一个时期全国安全生产工作的行动纲领，对于推动我国安全生产工作整体水平的提升具有重大里程碑意义。

深入贯彻落实《意见》精神，既是对党的事业和人民利益高度负责的政治要求，也是推动安全生产事业发展进步的难得机遇和强大动力。各地区、各有关部门和单位要深刻认识《意见》出台的重大现实意义和历史意义，自觉把思想和行动统一到党中央、国务院关于推进安全生产领域改革发展的工作部署上来，切实增强抓好贯彻落实的政治自觉和责任自觉，以认真负责的态度和求真务实的工作作风，结合实际创造性地抓好贯彻落实，确保《意见》确定的安全生产各项改革制度措施和工作任务落地生根，推动全国安全生产形势的持续稳定好转，为实现"两个一百年"目标和中华民族伟大复兴中国梦奠定坚实的安全生产基础。

二、加强学习宣传舆论，全面准确地把握《意见》的精神

各地区、各有关部门和单位要把学习宣传《意见》精神、全面准确把握《意见》精神，作为贯彻落实好《意见》要求的重要前提，迅速组织开展学习宣传活动。各级领导干部要带头学、深入学，深刻理解、准确把握《意见》的精神实质和重要内容，切实把《意见》精神转化为完善工作思路、强化工作措施的自觉行动。要通过举办研讨会、辅导讲座、干部轮训、专家讲解等多种形式，组织广大干部职工进行系统学习，籍此统一思想、提高认识、振奋精神。要组织安全生产理论实践丰富的机关干部、专家学者深入基层和企业开展宣讲，努力使《意见》精神成为社会各方面的共识，筑牢《意见》贯彻落实的思想基础。要充分利用主流媒体的报刊、电视、广播、网络等，采取设立专栏、访谈等多种方式，集中报道、广泛宣传《意见》的精神实质和各地学习贯

彻、狠抓落实的经验做法，推动学习贯彻不断引向深入，取得实实在在的效果。

三、加强组织领导，强化责任落实

各地区、各有关部门和单位要切实增强责任感、使命感和紧迫感，紧紧围绕《意见》提出的一系列改革举措和工作任务，着力在狠抓落实上下功夫。一是加强组织领导。要组织专门力量，建立统一领导、部门联动、齐抓共管的工作机制，形成推进安全生产领域改革发展的有效合力。二是强化责任落实。要紧密结合实际，抓紧制定细化工作方案，对《意见》提出的改革制度措施和工作任务进一步细化分解，并逐项落实责任单位、责任人和任务要求，建立责任清单，明确时间表和路线图，开拓创新、攻坚克难、统筹推进。三是制定配套制度措施办法。各地区要抓住主要矛盾和突出问题，着力在抓落实上出实招、硬招，研究制定本地区安全生产领域改革发展各项具体实施政策措施。各有关部门要按照《意见》的任务分工和时间要求，切实落实责任，抓紧研究制定各项配套制度措施，加快形成制度化成果。安全生产监管监察部门要充分发挥综合协调、督促检查和主力军作用，积极主动加强与相关部门的沟通协调，统筹推动各项制度措施和工作任务落实。四是强化典型引路。要充分发挥基层首创精神，针对改革涉及的一些重点难点问题，选取一批有代表性、基础较好的地区和部门作为联系点，直接指导、先行先试、积极推进，为《意见》的全面贯彻落实提供可借鉴的经验做法。

四、强化督促检查，推动《意见》贯彻落实到位

各地区、各有关部门和单位要切实加强对《意见》贯彻落实情况的督促检查，主要负责同志要履行安全生产第一责任人的责任，强化组织领导和责任落实，以工作的创新解决不断出现的新情况、新问题。一是建立督查督办机制，把贯彻落实《意见》情况作为各地区党委、政府的重大督办事项，按照责任清单和时间表，定期检查、全程跟踪。对工作不力、落实不到位的，要通报批评、严肃问责。二是建立工作落实考核机制，把《意见》贯彻落实情况纳入安全生产巡查、考核的重要内容，作为检验下级政府和各有关部门履行安全生产责任制的重要依据，严格考核奖惩。三是建立工作落实情况通报制度，及时通报进展情况，加强情况交流，总结推广各地区、各有关部门好的经验做法，努力推动各项改革目标任务

全面落实。

各地区、各有关部门和单位要按照《意见》要求，及时将贯彻落实情况报告党中央、国务院，同时抄送国务院安委会办公室。

国务院安全生产委员会

2016 年 12 月 18 日

认真学习贯彻习近平总书记重要指示精神
大力推动安全生产领域改革发展

中共国家安全监管总局党组

安全生产事关人民福祉，事关经济社会发展大局。党的十八大以来，以习近平同志为核心的党中央空前重视安全生产工作。总书记7次主持中央政治局常委会和中央政治局第23次集体学习，就安全生产工作发表重要讲话，先后30余次作出重要批示，深刻阐述了安全生产重大理论与现实问题，既指明战略方向，部署了"过河"的任务，又明确战术要求，指导如何解决"桥或船"的问题，充分体现了以人民为中心的发展思想，形成了我们党在新的历史时期指导推进安全生产工作的最新思想体系。

日前，中共中央、国务院发布的《关于推进安全生产领域改革发展的意见》（以下简称《意见》），通篇贯彻了总书记关于安全生产工作的重要思想。全面把握、认真落实《意见》精神和任务要求，需要我们求本溯源，深刻领会总书记的一系列重要指示精神，指导推动安全生产改革发展实践。

毫不动摇坚守安全生产红线

发展决不能以牺牲安全为代价，这必须作为一条不可逾越的红线，如果安全生产工作搞不好，人民群众生命财产安全得不到保障，何谈让人民群众生活得更好，何谈全面建成小康社会？总书记这一重要指示振聋发聩，深刻揭示了安全生产与经济社会发展的辩证关系。可以说，红线是确保人民生命财产安全和经济社会全面健康发展的保障线，是各级党委政府及社会各方面重视和加强安全生产工作的责任线，也是贯穿《意见》全部内容的主线。坚守这条红线，在任何情况下都不能动摇，不能松懈。

要以红线意识强化安全发展理念。安全生产是民生大事，生产安全事故所造成的生命财产损失，给人民群众带来直接的伤害和永远的心痛，给社会带来不稳定因素，也减损了经济发展成果的质量。总书记严肃指出，经济社会发展的每一个项目、每一个环节都要以安全为前提，不能要带血的生产总值，安全工作要与发展同步进行并作为发展的前提来抓。这要求在推进经济社会发展的过程中，要始终坚持生命至上、安全第一，在安全发展的道路上不走偏、不走斜，确保人民群众平安共享全面建成小康社会的成果。

要以红线意识强化安全预防观念。预防，是安全生产工作的基本点和重要任务。总书记深刻指出，不要强调在目前阶段安全事故"不可避免论"，安全生产必须警钟长鸣，常抓不懈，要安而不忘危，治而不忘乱，要宁防十次空，不放一次松。我们要深刻认识到，预防工作不到位，事故就有空可钻。贯彻落实总书记这一要求，必须把红线作为底线和警戒线，树立事故可防可控的观念，坚持重心下移、力量下沉、保障下倾，谋划在前、预防在先，突出抓早抓小、落实落细，不断加强安全预防工作，牢牢把握安全生产工作的主动权。

要以红线意识强化综合治理模式。安全生产是一项全链条、全时段的系统工程，呈现影响因素复杂性、过程控制连续性和治理工作综合性等特点。做好安全生产工作，必须充分发挥社会主义制度的优势，在党和政府的领导下，实行全社会、全要素、全方位的综合治理模式。正如总书记强调的，必须整合一切条件，尽最大努力，以极大的责任感来做好安全生产工作。而要把各方面力量整合调动起来，必须用红线意识武装头脑，提高认识，增强协同各方面的思想自觉和责任自觉。

不断严密安全生产责任制

党的十八大以来，总书记提出并一再强调，要建立健全党政同责、一岗双责、齐抓共管、失职追责的安全生产责任体系。这充分体现我们党对维护人民群众生命财产安全的政治使命和责任担当，抓住了做好安全生产工作的根本。

健全落实责任制体现了我国社会主义制度的优越性。中国共产党的领导是中国特色社会主义制度的最大优势。总书记强调，安全生产工作不仅政府要抓，党委也要抓；党委要管大事，发展是大事，安全生产也是大事，党政一把手必须亲力亲为，亲自动手抓。这进一步强调了党委担负安全生产工作领导责任的重要性。各级党委和政府加强对安全生产工作的领导，主要负责人切实承担本地区安全生产第一责任人的责任，就能集中全社会的智慧和力量，战胜面临的各种挑战。

健全落实责任制为做好安全生产工作提供了体制

和制度保障。安全生产工作系统性特征决定了任何一个方面的责任制缺位，都会留下监管漏洞，埋下事故隐患。总书记指出，要坚持最严格的安全生产制度，什么是最严格，就是要落实责任，落实到岗位、落实到人头。长期实践经验表明，责任制是最直接、最有效的制度力量。要针对安全生产监管体制的漏洞、空白和薄弱点，改革安全生产监管体制。要进一步厘清综合监管与行业监管、行业监管与行业管理的关系和职责，强化监管力量，堵塞监管盲区，把监管体制延伸到想不到、管不到的点和面，着重解决无机构、无力量、有责任不履职或多头交叉但监管缺位的问题，形成严密的安全生产监管责任体系，为齐抓共管、综合治理奠定制度基础。

健全落实责任制是推动企业落实主体责任的强大动力。企业是安全生产的责任主体，必须建立健全自我约束、持续改进的内生机制。企业不消灭事故就可能被事故消灭。落实企业主体责任，一要靠企业自觉守法、自律约束、自我管理；二要靠外部监管执法推动；三要靠市场机制驱动，以市场为纽带，建立安全生产社会化服务体系，建立健全安全生产保险制度，加强安全生产诚信体系建设，集聚社会相关机构参与和支持安全生产工作。

持续强化安全生产法治建设

建立科学长效的安全生产法治体系，是安全生产领域贯彻落实"依法治国"方略和依法行政方式的必然要求。要积极顺应经济社会发展的大局大势，由计划经济时代以系统内部纵向上下级式的行政管控为主，向市场经济条件下平面依法治理为主转变。总书记指出，法治不彰是一些重特大事故暴露出的最突出问题，要增强法治观念，用法治思维和法治手段解决安全生产问题。

只有强化依法治理意识才能有效解决生产经营中的安全问题。分析每一起生产安全事故发生的原因，表面看与企业的管理水平、技术条件、人员素质等有关，但最根本的还是法治观念淡薄，漠视安全生产法律法规，违章指挥、违规操作等现象屡禁不止，最终酿成事故。按照总书记关于增强法治观念、法律意识，坚持有法必依的要求，加大对生产经营单位的法治宣传教育，强化企业负责人和从业人员的法治意识，把依法治理贯穿生产经营的全过程，规范安全生产行为，加快走向法治化轨道。

只有大力推进法制建设才能夯实安全生产治理基础。"立善法于天下，则天下治；立善法于一国，则一国治"。同理，立善法于安全生产，则安全生产治。要按照总书记强调的善于运用法治思维和法治方式的要求，进一步改革完善安全生产领域制定法律法规和标准的工作机制，加快立法修法工作步伐，以法律形式明确各方面的权力和责任，将一些在生产经营过程中极易导致重大生产安全事故的违法行为纳入刑法调整范围，强化有效监管的手段，防范生产安全事故重演。同时，根据《立法法》的基本精神，推动设区的市加强安全生产立法，解决安全生产区域性突出问题。

只有依法严格执法才能有效解决安全生产"老大难"问题。徒法不足以自行，严格执法，方显法治效力。近年来，重特大事故发生，暴露出一些企业没有严格落实有关安全生产法律法规，对下达的执法指令无动于衷、推搪拖延、拒不整改。有的监管执法人员执法不严，只检查不处罚，甚至点到为止，没有深入企业内部，明显的问题也没有发现和解决。要切实加强监管执法队伍的政治建设、业务建设、作风建设和装备建设，不断提高监管执法的程序化、规范化水平，依法严惩违法违规行为。坚持与刑事司法紧密衔接，完善司法机关参与重大隐患治理整顿和事故调查处理机制，依法打击违法犯罪行为。

坚持把防范遏制重特大事故作为工作重心

重特大事故决定安全生产形势，也直接影响着人民群众的安全感。总书记深刻指出，近年来，安全生产工作取得了一些成绩，伤亡人数、事故起数是减少的，但发生重特大事故，就确实让人感觉形势严峻。我们要坚持把防范遏制重特大事故作为牵动安全生产工作的"牛鼻子"，不断加固遏制重特大事故的防线。

防范遏制重特大事故是安全生产工作的重中之重。重特大事故的严重危害性决定了防范遏制重特大事故必须成为安全生产工作的重点任务，其工作成效检验一个地区经济社会协调发展的能力、一个行业领域持续健康发展的能力、一个企业科学系统管理的能力。各地区、各部门和各单位在考虑整体工作时要有"重中之重"的意识，在工作安排和措施上要有"重中之重"的硬招，在调动各方面的力量上要有"重中之重"的举措。

防范遏制重特大事故要构建实施双重预防性工作机制。风险与隐患是威胁安全生产的两个重要因素。风险辨识不清、管控不得当，就会演变升级，为重特大事故发生埋下祸根。隐患排查不细致不全面、治理不及时不彻底，就可能引发重特大事故。总书记提出的风险分级管控和隐患排查治理双重预防工作机制，是遏制重特大事故的方法论，是安全生产工作必须守住的两道防线。要从城乡规划、产业布局、项目审批建设等方面，坚持重大风险"一票否决"，从源头上避免或降低风险。要制定风险辨识评估和隐患排查治理标准规范，实施分级分类系统化管控，强化整改措施，防止酿成大事故。

防范遏制重特大事故要从强化安全生产基础做起。安全生产重在强基固本，基础不牢、地动山摇。我们要认真落实总书记提出的安全生产工作要从最基础的地方做起，实现人员素质、设施保障、技术应用整体协调的重要指示要求，筑牢安全基础，使之成为防范和遏制重特大事故的有力屏障。要建立安全投入与经济增长同步提高的长效机制，探索实施有利于安全生产的财税、信贷政策。坚持超前预测、主动预警、综合防治，进一步提高安全生产信息化水平。大力推进安全生产科技进步，提高本质保障能力。要加强安全生产宣传教育，大力推进安全文化建设，在全社会形成关爱生命、关注安全、推进安全发展的浓厚氛围。

一分部署，九分落实。当前和今后一个时期，我们要以习近平总书记的重要讲话和指示精神为指导，以高度的政治自觉和严实的工作作风，协同各有关方面，把《意见》贯彻好、落实好，努力推动我国安全生产事业取得新的更大进步。

着力打造一支标准规范
执行有力的监管执法队伍

北京市安全监管局

北京市近年来组建了区县职能部门和街乡专职安全队伍，安全生产基层监管执法力量得到进一步补充。按照标准化、规范化的要求，持续加强监管执法队伍建设。

一、统一管理树形象。统一规制名称，市安全监管局成立执法监察总队，内设3个支队，各区成立安全生产执法大队和分队。形成了总队、支队、大队、分队、小队的多层次执法检查规制。统一服装标识，为市区两级执法人员及专职安全员均配发了统一的制式服装和安全生产执法检查标识。统一执法礼仪规范，制定了《北京市安全生产执法人员礼仪规范》，从一言一行和执法程序抓起，提升全市执法检查工作的规范化水平。

二、注重培训强素质。建立"军训＋理论培训＋

实战演练"三位一体的培训模式，通过军训锤炼执法人员令行禁止的工作作风，通过理论学习夯实一线执法、检查人员的业务知识和法律知识，通过模拟演练锻炼提升执法、检查人员的业务水平和程序意识。全市已轮训执法人员近 2000 人次，专职安全员 5000 人次，有效提升了全市执法人员和专职安全员业务能力。

三、完善标准上水平。健全完善了行政处罚办案流程、行政处罚自由裁量、执法检查工作指南等制度规范，市区两级执行统一的执法标准和检查内容，执行统一的自由裁量标准，执行统一的执法检查文书。为专职安全员颁发统一的安全生产检查证件，使用统一的制式文书和印章。通过标准的制定和执行，强化市、区两级执法检查工作标准化。

四、理顺职能明责任。着力构建职责清晰、分工合理、布局完善的工作格局，形成市级统筹指导、抓大抓重，区县全面监察、抓细抓末，街乡日常巡查、及时报告的职责分工体系。市局执法总队向重点领域聚焦，统筹部署、协调调度、办理重大案件，在全市执法工作中发挥引领作用。区局执法大队重点查处辖区内安全隐患和安全生产违法行为，落实属地监管责任，成为全市安全生产执法的中坚力量。街乡安监科和专职安全员检查队负责日常巡查和安全隐患上报工作，是全市安全生产政策落实落地的执行者。通过合理规范的分工和布局，全市执法力量的协同能力持续加强，安全生产监管效能不断提升。

五、统筹谋划抓落实。自 2010 年起逐步形成了"两套四级"的执法计划模式。"两套计划"是市安全生产委员会拟定的全市重点执法检查计划和统筹各行业部门年度的重点执法任务，以及市、区两级安全监管局依据国家安全监管总局 24 号令分别制定的本部门年度执法计划和明确的各自执法工作量、执法检查重点。两套计划互为补充，平行推进，作为全年执法工作的基本依据。"四级计划"是市局执法总队和区局执法大队制定的年度计划，以及街乡制定的月度计划，专职安全员检查队制定的周计划。"两套四级"的执法计划有效统筹了全市执法力量的调度，提升了全市执法工作规范化水平和效能。

六、借助信息提效能。市安全监管局研究开发了安全生产执法信息系统（"京安工程"），已初步建成并覆盖到市、区、街（乡、镇）三级，各级执法检查人员可以依托终端设备初步实现执法检查的信息化。通过信息化的执法检查，使一线执法检查人员的执法过程更加规范、执法裁量更加合规，执法效率进一步提高。

多部门联动齐推安责险
助力安全生产风险管控

河北省安全监管局

河北省将全省所有规模以上企业和高危行业领域企业全部纳入安全生产责任保险投保范围，按照"统一服务、分散风险"的模式，使用统一的保险承保方案、服务标准和理赔标准，切实发挥保险在安全生产中的经济补偿和社会管理功能，强化对安全生产事故的前期预防，推动建立保险与安全生产良性互动的工作机制。

一、突出事故预防。一是确定预防费用提取比例。承保公司按照年保费收入 20% 的比例提取事故预防费用，并制定年度预算。2016 年全省事故预防费用保障资金不低于 1000 万元，不足部分由承保公司内部按比例调剂补足。二是明确预防费用使用范围。预防费用全部用于参保企业安全生产、职业病预防的宣传教育和培训、安全生产标准化、安全生产诚信等级评定、应急救援演练、安全生产科技推广，聘请第三方机构开展风险评估、风险排查以及其他需要支出的费用。提取的预防费用专款专用，当年用完，不结余不转存，定期向社会公布。三是发挥费率杠杆作用。对上一年度没有发生安全生产责任事故，以及连续几年没有发生安全生产责任事故的企业实行费率下浮。承保公司每年至少一次对投保企业的安全状况进行评估，向投保企业提出消除不安全因素和隐患的书面建议，与企业约定整改期限并加强跟踪。投保企业不能如期整改风险隐患的，不能有效改进安全管理的，承保公司可上浮费率，并将相关情况报告行业监管部门。

二、强化服务保障。承保公司建立配套的管理和服务平台，制定统一的工作手册、保险服务规范和监督评议考核办法，以及产品方案和保险条款等，及时向安全生产监督管理部门及服务的企业公开服务流程，公示承保、理赔、投诉处理、赔付时效、服务监督电话等资料。承保公司承诺对安全生产责任事故伤亡人员先期赔付，最迟在企业安全生产责任事故结案后10个工作日内，将全部赔偿金足额支付到位。承保公司每季度向安全生产监督管理部门报送安责险实施情况报告，每年度向社会公开有关信息，并自觉接受安全生产监督管理部门和保险监管部门的监督。安全生产监督管理部门对企业投保安责险、承保公司理赔、开展事故预防费用提取和使用情况进行核查，并将核查结果纳入对承保公司的诚信考量。

三、完善政策措施。一是推行风险抵押金和安责险替换制度。已经缴纳安全风险抵押金的企业可以选择投保安责险，政府将风险抵押金予以解押；尚未缴纳风险抵押金的企业投保安责险后，可不再缴纳风险抵押金。不参加安责险的应继续缴纳安全风险抵押金。二是对投保安责险的企业，可将保费计入安全生产费用，列入企业成本，降低企业税负。三是将高危行业（领域）企业投保安责险列入企业下一轮安全生产承诺事项。企业安责险投保情况作为加分项纳入企业安全生产诚信体系考评内容，分值为 50 分。四是将各地高危行业（领域）企业投保安责险的参保率和参保总额作为地方党委政府安全生产管理体制机制创新的内容纳入考核内容。

四、加强组织推动。成立了由省交通厅、省住建厅、省工信厅、省安全监管局及保险机构组成的"河北省安责险工作领导小组"，负责安全生产责任保险工作的总体谋划、安排部署和指挥协调工作，加强各行业主管部门和承保公司日常沟通联络。各市成立安责险工作领导机构，共同推动安责险工作开展。定期公布信息，通报各行业（领域）开展安责险试点情况，组织经验交流，推广完善有效的工作模式和经验做法。开展联合检查，完善考核制度，落实工作责任。

推行安全监管网格化监管机制
实现监管责任无缝衔接

吉林省安全监管局

吉林省坚持问题导向，以改革创新为动力，全面推行安全生产"网格化"监管方式，建立安全生产属地监管、行业（专业）监管和综合监管工作机制，厘清监管职责，形成监管合力。形成了各司其职、各尽其责、互相配合、齐抓共管的安全生产监管工作新常态，安全生产监管整体合力明显增强。

一是划格。按照全覆盖、全过程、全员、全方位的"四全"要求，以县（市、区、开发区）为主体科学划分网格。长春全市共划分安全生产一级15 个，二级网格 186 个，三级网格 1587 个以属地为块、行业部门为条，"条块结合"产监管框架，并按照《安全生产网格每个网格进行编号，实行数字化管理监管。

二是摸底。依托三级安全生产

198

门提供的原始数据，逐家逐户核实生产经营单位是否存在、是否从事生产经营活动、是否存在一企多证现象等。长春市先后进行了4轮核实，摸清了全市共有14.2万户有固定经营场所的生产经营单位，并将学校、医院全部纳入到安全生产监管网格。

三是定责。坚持"划干分净"原则，按照国民经济行业分类标准、各行业部门的安全生产监管职责和各市、县政府、开发区管委会的相关规定，将所有生产经营单位划入安全生产监管网格，划分到负有安全生产监督管理职责的属地和行业管理部门。明确各级各类行业部门的监管行业类别和管理对象，使每一户生产经营单位都有所对应的行业部门管理，每一个行业部门都清楚应该管理哪些生产经营单位，解决了因监管责任、监管对象不明，导致监管缺失的现实问题。

四是落实。建立了"四一一"社会监督公示制度，即每一户生产经营单位将属地监管、行业管理、行业监管、综合监管等政府的四个方面责任人、一支专家或技术咨询队伍、一个自身的安全管理网格的信用公示板形式在企业醒目位置向社会公示，接受监督。全省已有56.8万户生产经营单位逐户落实了网格化管理具体责任部门及责任人员。长春市明确了 4298 名网格管理人员，4451 名各级各类政府监管人员。

五是入网。长春市开发了"安全隐患排查治理体系暨网格化综合监管平台"，已收录 1788 个网格、14.1 万户生产经营单位资料信息，开设 2.4 万个各类管理人员用户。每级网格能显示网格的负责人，下级网格数量及对应的生产经营单位数量；每名安全生产监管（管理）人员在平台上实时掌握监管对象和监管内容，及时记录安全生产监管工作；每个生产经营单位能直观地显示出其所在的网格信息，网格长、网格员、属地监管部门、行业管理部门、专业监管部门、综合监管部门及各部门对应人员信息。

六是督查。建立了省委、省政府督查室和省安全生产委员会办公室定期、联合督查机制，省人大对主要工作任务重点督查、巡查机制，持续推进安全生产责任落实。长春市安委办成立了 15 个巡视（暗访）组，主要检查企业"四一一"社会监督公示板是否设立，内容是否齐全，相关责任人是否到位。各类网格监管人员按照"签字背书"的要求，对照监管职责开展工作，留下纸质"责任落实"的记录，登录"网格化"综合监管平台，录入检查生产经营单位的情况，并对检查中发现的安全隐患问题跟踪到底，直至安全隐患整改到位。

创新危险化学品系统化监管防控机制

上海市安全监管局

上海市以"减量、集约、受控"为原则，实施危险化学品"源头管控、过程管理、区域联控、整体提升"精细化监管，着力补齐短板、堵紧漏洞，不断健全危险化学品监管机制，全面降低危险化学品总体安全风险。

一、源头管控，产业集约化。一是建立危险化学品监管制度体系。发布《危险化学品安全管理办法》，制定危险化学品的建设项目、生产安全、产品登记、交易运输、责任分工、事故调查等管理办法，形成制度体系。二是调整产业布局。基本完成危险化学品生产、储存企业"进区入园"，将调整重点转向不在园区内的高风险、高污染、高能耗的危险化学品企业。三是实施"台账式、清单化"管理。创制了危险化学品禁限控目录制度，制定了三批禁止、限制和控制危险化学品目录，严格安全生产市场准入，对部分危险性较高的化学品在定向受控的前提下"分类管控、按需流通"。

二、过程监控，监管动态化。在仓储环节，指导企业对许可项下3年以来的储存品种及年动态储存量全面筛选比对，按照企业实际经营最大量的品种进行分类，依次核定品种的最小定置储存量、动态周转量和最大库存量，全面提升仓储企业的科学化、规范化、标准化的定置管理水平。在交易环节，在奉贤、闵行、金山和青浦建立了4个集销售、仓储、物流等为一体的危险化学品集中交易平台，实行流动、流向过程控制和全程监管，截至2015年底，已引进1200余家危险化学品经营企业落户。在运输环节，通过信息化手段和线上线下联动，加强在上海危险化学品运输（包括起讫地一方在上海）车辆的动态管理，实现对包括来沪从事危险化学品运输车辆的全面监管。在使用环节，安全生产监督管理部门牵头，住建、公安、交通、环保、教育、卫生、科技等行业管理部门负责，区县、街镇、村居属地管理，对全市危险化学品使用单位实行网格化、全覆盖管理，通过逐一核对使用危险化学品的状况，全面摸清底数，健全完善"一企一档"。

三、区域联控，治理属地化。在危险化学品生产经营单位集中的金山、奉贤以及上海化学工业区启动危险化学品集聚区域安全生产"三区联动联控"机制。行政审批方面，实现化工区管委会对安全生产相关行政审批的"一口受理、一门办结"。执法检查方面，推动形成化工区及其联动发展区域内安全生产"日常检查—专项检查—综合督检—查罚衔接"的联动机制。将危险化学品储存企业纳入经营管理，实施按品名许可，全面开展危险化学品储存专项整治工作。应急管理方面，推进联动区域内安全生产专家共享、预案共享和应急救援队伍共享。

四、违规失信，列入"黑名单"。出台危险化学品信用建设意见、等级评定等 8 项制度规范和 4 项信用标准。建立了"上海市安全生产（危险化学品）信用系统"，包括执法检查、行政审批、隐患督办等相关内容，形成信用档案，作为实施分类分级监管的重要依据。建立了危险化学品生产"黑名单"制度，将企业的违法违规信息与项目核准、用地审批、证券融资、银行贷款挂钩。"危险化学品信用管理"项目获得"上海市社会信用体系建设优秀成果二等奖"。

上海市 156 个危险化学品重大危险源全部完成安全监测监控体系建设，涉及重点监管危险化学品生产

装置的 19 家企业已全部实现自动化控制。累计对
434 家企业实施关、停、并、转、迁等调整措施，减
少危险化学品生产、储存量 285.51 万吨，落实市区
两级财政补贴资金 17.56 亿元。

构建社会化服务体系
推进安全生产社会共治

浙江省安全监管局

浙江省注重发挥市场机制，积极推进安全生产社会化服务改革，为各类市场主体提供安全技术、管理等专项或综合服务，提升企业自主安全管理水平，落实主体责任，取得明显成效。

一、完善社会化服务制度。省政府出台《关于推进安全生产社会化服务工作的意见》，省安全监管局制定了《关于推进安全生产社会化服务工作的指导意见》，明确社会化服务的基本原则、主要形式、目标任务及保障措施，为深入推进安全生产社会化服务工作提供了强有力的政策支撑和制度保障。采取政府财政补贴、直接购买服务等措施激发市场参与动力。同时规定，除法律法规明确规定的资质资格许可外，对其他安全生产服务机构一律不设资质准入门槛，积极放开放活社会化服务市场。

二、搭建社会化服务平台。一是积极运用法律、经济、行政等手段，将安全生产社会化服务与安全生产执法检查、标准化创建、诚信奖惩、政府财政补助等挂钩，促使中小微企业主动寻求专业服务，提升安全管理水平。二是开发建设全省统一的安全生产社会化服务信息平台和专家库，有效解决供需信息不对称问题。三是建立健全服务供给的考核评价、惩戒淘汰机制，制定执业条件、执业范围及收费标准等配套制度，进一步规范服务提供方及从业人员的执业行为。四是加强诚信管理，严格专业服务机构监管，依法查处违法违规服务行为，用市场机制排除列入"黑名单"的中介机构。

三、创新社会化服务模式。一是企业委托服务模式，企业选择服务外包的对象，并按照自愿平等协商一致的原则，与安全生产专业服务机构签订安全生产服务外包合同，服务机构在核准的业务范围内企业安全生产管理工作提供有偿的服务。二是政府购买服务模式，由政府出资，以公开招标、合同约定等形式委托安全专业服务机构，或聘请安全专家为政府及安全生产监督管理部门的安全生产监管工作提供安全专业技术、评估认证、宣传培训等服务。三是协作互助模式，根据企业规模、行业类别、生产工艺危险程度等情况，同一区域的企业或某一产业的企业，组成若干安全生产管理单元或协作组，利用各企业技术力量的集聚优势，定期组织开展交流、研讨以及企业自查、组内互查、组间互查等活动。四是行业协会自治模式，组织行业中领先企业对会员单位开展安全生产互帮、互学、互查以及培训等活动，通过"传、帮、带"，引领会员单位形成安全生产自我管理、自我约束机制。五是保险业参与模式，由保险公司参与投保企业的事故预防、风险管理等工作。

四、不断优化安全生产治理结构。安全生产社会化服务体系建设取得了显著成效，"市场主导、企业自主、政府推动、社会参与"的社会化服务体系初具规模。一是推动政府监管职能转变。市场承担大量的安全生产专业化社会事务，使安全生产治理方式从原来单一的"政府督促、企业整改"，转变为"政府监督、社会服务、企业落实"的互动共赢社会治理模式，安全生产治理专业化程度、精细化水平明显提升。二是企业安全生产工作的主动性大大增强。购买安全生产服务"效率更高、成本更低"的比较优势明显，专业服务机构在做好"检查员、监督员"，帮助企业管控事故隐患的同时，也积极做好"辅导员、宣传员"的角色，为企业带来了更好更多的安全效益。三是安全生产服务市场实现良性发展。服务市场竞争性选择机制，培育、锻炼了专业队伍，树立了品牌，带动了现代生产性服务业的完善和发展，扩大了安全生产服务就业市场规模。

明责与督查相结合
构建安全生产责任体系

福建省安全监管局

福建省认真贯彻落实习近平总书记关于安全生产"党政同责、一岗双责、失职追责"重要指示精神，落实责任、健全机制，加强监督检查，大力推动安全生产责任体系建设，取得明显成效。

一、高标准要求。省委、省政府在此前建立的全省安全生产"一岗双责"制度基础上，重新梳理了党委、政府及有关部门的安全生产监督管理职责，正式出台《福建省安全生产"党政同责、一岗双责"规定》（简称《规定》），明确了各级党委对安全生产工作负总责，确定一名党委成员负责联系安全生产工作；各级政府对安全生产工作全面负责，政府主要负责人是本行政区域安全生产工作第一责任人，担任安全生产委员会主任；分管安全生产工作负责人负综合监管领导责任；党委、政府班子成员对分管业务范围内的安全生产工作负直接领导责任；各级党委、政府有关部门主要负责人和班子成员应当承担安全生产责任；对省直 5 个党委部门、40 个负有安全生产监督管理职责的部门和 9 个其他部门的安全生产工作职责进行了明晰。

二、全方位覆盖。省政府安全生产委员会要求各级各部门认真贯彻《规定》要求，研究建立本辖区"党政同责、一岗双责"责任体系。省政府安委办印发《关于全面推进乡镇（街道）及村居安全生产责任体系建设的通知》，组织制定了乡镇（街道）和村（社区）安全生产"党政同责、一岗双责"规定的范本，供乡镇、村居制定参考借鉴，并加强跟踪督办，全力推进。目前，全省所有的 9 个设区市和平潭综合实验区、84 个县（区）、1106 个乡镇（街道）和12000 多个村（居）已全部制定出台"党政同责、一岗双责"规定，实现"五级五覆盖"，建立横向到边、纵向到底的安全生产"党政同责、一岗双责"责任体系。

三、制度化运行。为切实保障《规定》的有效落实，省政府安全生产委员会制定出台《福建省安全生产"党政同责、一岗双责"工作机制》。立足于《规定》，细化了目标责任管理、议事协调、齐抓共管、履职报告点评通报、重点工作跟踪落实、挂牌督办和"一票否决"7个方面工作机制、23项制度措施，提出了各级政府每年至少召开二次政府常务会议，每季度召开一次安全生产季度例会，各级党委、政府领导班子成员及其有关部门负责人要将职责范围内的安全生产工作纳入年度述职报告等要求。突出工作落实，注重事前预防，强化责任追究。

四、经常性督查。将"党政同责、一岗双责"制度落实情况纳入党委、政府和部门年度考核范围，考核情况作为各级党政领导干部工作能力的评价指标，并加大安全生产在经济社会发展、精神文明创建、综治"平安建设"的考核权重。对因工作履职不到位、措施不得力，对较大及以上生产安全事故负有责任的，按有关规定实行"一票否决"，依法依规追究政府及有关部门人员直至党委负责人的责任。省安全生产委员会制定出台的安全生产巡查工作制度及实施方案，将落实安全生产"党政同责、一岗双责"规定纳入重点巡查内容。2016年3月，省委办公厅、省政府办公厅下发《关于开展安全生产"党政同责、一岗双责"专项督查的通知》（闽委办发明电〔2016〕22号），省安全监管局会同省委、省政府督查室、安全生产委员会主要成员单位等共组成 5 个督查组，对各地贯彻落实"党政同责、一岗双责"规定和工作机制情况开展专项督查，采取听取汇报、座谈访谈、随机抽查、查阅资料等方式，实地检查了各设区市和平潭综合实验区。督查情况专题报告报送省委、省政府主要领导，并由省委督查室通报全省。

建立隐患排查治理机制
强化企业主体责任落实

湖北省安全监管局

湖北省坚持以企业分级分类管理为基础，以网络信息系统为平台，以企业自查自改自报、部门实时监控为核心，建立了隐患排查治理"两化"（标准化、数字化）体系，有效强化了安全生产风险源头管控。

一、政府主导，强化组织领导。省委常委会将"两化"体系建设纳入年度工作要点，纳入安全生产领域深化改革重要内容，明确了责任分工，实施目标考核。省政府两次发文部署，将"两化"体系建设作为全省安全生产重点工程，纳入安全生产五年规划。省财政落实 500 万元专项资金，用于宣传培训、信息系统开发。各级政府均成立了由政府领导挂帅的"两化"体系建设推进领导小组，将工作推进落实情况纳入督查重要内容，强力推动落实。

二、部门主管，构建网络体系。省安全监管局以省安全生产委员会名义下发"两化"体系建设实施方案，分两批明确 55 个县市进行先期试点，牵头编制了 108 个行业隐患排查治理标准，开发了"两化"信息系统，以矿山、化工、烟花爆竹等行业为重点，根据行业细分和生产经营特点，组织编制了 100 个隐患排查清单样本，供各类企业量身定制，推动实现照单排查、对标整改。省、市、县、乡四级安全生产委员会成员单位共建立"两化"平台近 5000 个，横向与安委办对接，纵向与所属生产经营单位联通。省安委办连续两年开展"两化"体系推进竞赛活动，每季度对 121 个县级单位进行排名通报，营造抢前争先的良好氛围。为督促各类企业自觉运用"两化"体系开展隐患排查治理，各级安全生产监管执法部门推行"双随机、两公开"（随机抽取检查对象和检查事项，随机抽取检查人员和技术专家，事前公开检查对象，事后及时公开执法检查结果）执法检查，对纳入"两化"系统的 13 万家生产经营单位实施随机抽查。

三、企业主办，落实主体责任。各类生产经营单位按照分级属地原则，在"两化"系统注册，入网运行，做到"四有"：有"两化"专职操作员、有隐患排查清单、有隐患管理台账、有隐患公示公告牌。

工作中，企业根据行业标准，制定隐患排查清单，明确排查事项、重点部位、检查频次、整改要求，并逐一落实到车间、岗位，使隐患排查做到了行业有标准、企业有清单、车间有图表、岗位有卡片。目前，全省共有 13.5 万家生产经营单位入网运行，2015 年排查治理隐患 285.45 万条，是过去 7 年的总和。

四、"两化"融合，建立长效机制。"两化"体系建设推动了安全生产诸多根本性变革。一是初步实现了安全生产监管企业全覆盖。借助"两化"信息系统构建了一张"大网"，把所有生产经营单位都纳入了政府部门监管视线，解决了过去大量中小企业与政府部门不对接、失控漏管的问题，安全生产监管更加底数清、情况明。二是推动了安全生产齐抓共管。省、市、县、乡四级政府有关部门建设"两化"平台，并向行政村、社区延伸，安全生产工作由过去安全生产监督管理部门一家主抓转为各级政府部门数千个平台共管。三是促进了企业主体责任落实。安全生产监管执法部门通过"线上"实时监控获取信息，有针对性地实施"线下"执法，对隐患不排查或排查后不及时整改的进行精准执法、依法处罚，使企业始终感到背后有一双无形的、有力的推手。做到隐患不排查，系统能觉察；排查不上报，系统能知道；上报不整改，系统有记载；整改不及时，系统有警示。四是促进了安全生产形势平稳好转。全省形成了隐患排查数量大幅上升，安全事故稳步下降的发展态势。全省连续两年实现事故起数和死亡人数"双下降"，截至 2016 年 6 月底，全省连续 38 个月无重大事故，最早试点的鄂州市连续 6 年没有发生较大事故。

优化安全监管职责配置
强化基层监管执法力量

广东省安全监管局

广东省围绕安全生产监管行政职能转变，进一步理顺安全生产监管职责，规范行政权力运作，强化基层执法力量，不断完善安全生产监管体制机制。

一、优化职责配置。广东省人民政府办公厅重新印发了省安全监管局"三定"规定，进一步优化安全生产监管职能配置。一是更加固化安全生产责任体系。明确安全生产监督管理部门履行安全生产综合监管职责，具体负责指导协调和监督检查本级政府负有安全生产监督管理职责的部门及下级政府的安全生产工作；各负有安全生产监督管理职责的部门按照"三个必须"的要求，依法具体负责本行业领域的安全生产与职业卫生监管工作。二是更加强化事中事后监管。大力实施简政放权，推动监管职能实现转变。从注重落实政府责任向推动落实企业主体责任转变，从行政审批为主向借助第三方力量进行安全条件把关转变，从查处事故隐患向严格监管执法，查处安全生产违法行为转变。三是更加注重行政效能的提升。实行安全生产与职业卫生一体化，做到同部署、同监管、同推动、同落实。将原分散在各处室的行政许可审批、中介机构监管、诚信制度建设、考核培训等职能整合到一个部门办理，进一步提高监管效能。四是更加重视安全风险防控。在相关处室加挂"事故风险防控处"牌子，加强重特大生产安全事故和重大职业病危害的风险预警监测工作，推动构建点、线、面有机结合，无缝对接的安全风险分级管控和隐患排查治理双重预防性工作体系。五是更加实化重点领域安全监管链条。针对油气管道保护工作责任分工不够明晰，个别监管环节存在漏洞的现状，规定了省发展改革委等部门的监管职责，使油气管道领域安全监管链条更加紧密。

二、规范权力运作。一是监管执法规范化。以标准化建设为抓手，从执法制度、执法行为、执法监督、执法保障等方面入手，积极推进以规范执法监察行为为重点的安全生产执法监察标准化建设，形成了执法组织建设、队伍管理、执法行为、执法保障"四个标准化"和检查指南、办案流程、执法案卷归档"八个统一"。二是"两法衔接"制度化。建立了安全生产领域行政执法与刑事司法衔接（"两法衔接"）工作机制，建立联席会议制度，强化执法协调配合。确定移送标准，规范移送程序，对非法制造、买卖、储存爆炸物等 14 种安全生产违法行为所适用的移送标准逐一明确。规范安全生产涉嫌犯罪案件移送工作，及时有效查处安全生产违法犯罪行为，防止有案不移、以罚代刑。三是权力责任清单化。按照简政放权、放管结合、优化服务、转变政府职能的要求，梳理出省局行政职权共 343 项，其中行政许可 1 项（分 7 批调整行政审批事项 41 项，占改革前的 97.5%）、行政处罚 272 项、行政强制 13 项、行政检查 18 项、行政指导 21 项，其他行政职权 18 项，以清单形式列明试点部门行政权责及其依据、行使主体、运行流程等，推进形成边界清晰、分工合理、权责一致、运转高效、依法保障的职能体系。同时，着力加强事中事后监管，确保行政审批制度改革落实到位，防止行政审批事项取消、下放、转移后出现监管职能"缺位"或"不到位"的现象。

三、强化基层力量。坚持关口前移、重心下移，建立健全各乡镇（街道）以及省、市级以上各类开发区（含工业园区）的专职安监员队伍。根据乡镇、街道以及各类开发区事权的变化，结合当地的经济社会发展水平，确定安监员的数量。原则上珠三角地区每乡镇（街道）配备 8～25 名，特大镇（街道）适当增加；粤东西北地区每个乡镇（街道）配备 3～6 名，其中较大镇街不少于 6 名；国家和省级开发区配备 6～10 名，其中珠三角地区不少于 10 名，粤东西北地区不少于 6 名；市级开发区配备 4～8 名。今后辖区内每增加 100 家生产经营单位，相应增配 1 名安监员。全省增加专职安监员近 1 万名。同时，规范工作职责、招聘条件、工资待遇和管理制度。签订劳动合同，明确岗位职责、权利义务，规范安监员的行为。安监员工资水平与从事职业的高危险性相适应，参加社会保险，享受住房公积金待遇，建立企业年金并购买必要的商业保险。

强化治本措施　构建"三个体系"
切实提高安全生产支撑保障能力

四川省安全监管局

四川省整合省、市、县三级宣传培训、安全科技、应急救援相关资源，构建安全生产"纵向联动、横向互动"支撑网络，形成安全生产"大宣教、大科技、大应急"格局，为安全生产工作提供更加完善的支撑保障。

一、健全完善安全生产宣传教育培训体系，构建安全生产大宣教工作格局。强化政策宣传，组织开展了由党政领导和相关部门负责人带头的安全生产"大讲堂""百场报告进万家单位"等宣讲活动。省委组织部将《习近平总书记关于安全生产重要讲话精神宣讲提纲》和《领导干部安全读本》作为省委党校领导干部培训班教材；省委宣传部将市（州）党委中心组学习安全生产内容纳入目标考核内容。突出主题宣传，每年组织开展了"寻找最尽职的安全操作手、最负责的安全管理者、最履职的基层安全生产监管者"大型公益活动，弘扬安全生产正能量；联合工会、教育、卫生等部门，开展《安全生产法》知识网络竞赛等活动。开辟宣传专栏，在《四川日报》开设每月一期的"安全视线"专版，在《四川工人日报》开设"安全生产周刊"，在《华西都市报》开设每周一期的"安全知识普及"专栏，与四川电视台合作制播"安全知识进社区、进校园、进企业""街头唱将"等专题节目，定期在新华网和新华网手机客户端推送四川安全生产重要信息。拓宽宣传形式，邀请巴蜀笑星李伯清录制了 12 集安全生产评书，以老百姓喜闻乐见的方式普及安全知识；充分利用微博、微信、户外显示屏等平台快速发布权威信息，提高群众对安全生产工作的关注度；强力推进安全社区建设工作，在部分市（州）开展安全体验中心建设试点。全面实现教考分离，建成功能多样的安全培训考试系统和涉及多个重点行业（领域）的考试题库，年均培训各类人员百万余人次。加强与中国矿大信息沟通和资源共享，拓展双方优秀人才挂职锻炼和项目深度合作。

二、健全完善安全生产科技支撑体系，强化科技对安全发展的支撑作用。深入推进"专家驻点进基

层、专业托管进基层、技术推广进基层、智力帮扶进
基层"常态化，帮助地方政府拟定安全发展规划、
开展重点行业（领域）日常监管、制定解决重大安
全问题技术方案等，指导企业做好安全生产规范化管
理、安全标准化建设、安全隐患排查治理等工作。加
强关键技术与新型装备科技攻关，建立"政府引导、
企业主体、科研机构参与"的产学研相结合的安全
科技创新机制，重点解决安全生产领域具有倾向性、
易发性、普适性的重大共性技术难题；每年开展安全
生产重大事故防治关键技术科技项目公开征集、评审
推荐工作，组织推进安全生产科技攻关项目，2015
年，经省安全监管局推荐的 15 个科技项目分获省科
技进步一、二、三等奖，列省级机关第 4 位；建立了
重大危险源测控四川省重点实验室，将三维激光扫描
和北斗导航等先进技术应用到煤矿及非煤矿山、危险
化学品、地质灾害等重大危险源的监测监控及重大隐
患排查；建立了煤矿瓦斯抽采监控综合管理系统，实
现了全省煤矿瓦斯抽采系统的综合监管。大力推进安
全生产信息化建设，在已建成四川省应急会商系统、
煤矿远程监控综合监管系统、危化品安全生产行政审
批系统、安全生产隐患排查系统等 30 个业务系统和

平台的基础上，全力推进"基于云服务的四川省安全生产预警支撑平台"建设工作，整合、共享相关行业数据，制定和落实相应的处置措施，以"大数据"分析技术辅助制定系统性风险防范措施，全面提升全省风险管控能力。创新开展安全生产科技支撑示范县（区）试点工作，切实提高安全生产信息化应用水平。

三、健全完善安全生产应急救援体系，全面提升安全应急保障能力。以"一案三制"为抓手，建立完善省、市、县三级安全生产应急管理体系，扎实做好应急预案评审、修订、备案、演练等工作，实现应急预案闭环管理。全省规划建设了4个国家救援基地建设，6个省级区域救援基地，1个省级综合性救援实训演练基地，1个省级综合性矿山排水基地，15支省级安全生产应急救援骨干队伍，初步形成了国家队、省级骨干队伍、基层专业救援队伍、兼职救援队伍多层次、多领域、多类别的应急救援队伍体系。以军事化管理和质量标准化建设为载体，狠抓全省指挥员和救护队员基本技能培训，强化实战演练，提高救援能力，建立健全分级指导配合制度、应急值班制度、信息共享制度、应急处置总结评估制度等事故应急处置制度。建成省局应急救援指挥平台、移动指挥平台和四川省安全生产视频会商系统，配备了3辆应急机构指挥用车，装备方舱式卫星通信指挥车，实现移动指挥平台与国家指挥中心、省政府应急办的互联互通、全省21个市（州），183个县（市、区）互联互通，为全省安全监管监察系统应急定点会商提供坚实保障。

四、健全完善安全生产投入保障体系，持续强化安全生产源头治理。注重事故原因深度分析和规律性研究，紧紧抓住人防、物防、技防三个关键环节，针对突出问题和薄弱环节加大投入，强化源头治理。煤矿安全方面，投入财政资金80亿元（其中省级36.6亿元），关闭602处小煤矿，持续开展煤矿安全质量标准化、信息化、机械化建设。道路交通安全方面，积极推进道路交通安全综合整治，2014年、2015年投入71亿元，修建26800千米波形护栏；截至2015年底，已建成4324个乡镇交管办、31982个劝导点，配备劝导员52986名，全面建立农村道路交通管理机制。危化品、油气管道安全整治方面，协调督促各级政府投入1.1亿元、相关责任企业投入4.4亿元，认真开展油气长输管线安全隐患整治，重大隐患整治率达88%，三年任务两年完成。

搭建有效载体　完善安全生产防控体系

宁夏回族自治区安全监管局

宁夏回族自治区重点围绕完善安全生产责任体系、强化企业安全生产预防、健全应急救援体系，积极搭建有效载体，完善安全生产防控体系，推动安全生产监管模式创新。

一、健全安全生产责任体系。建立健全"党政同责、一岗双责、齐抓共管、失职追责"安全生产责任体系，是做好安全生产工作的前提和保证。按照国务院安全生产委员会的工作部署，自治区政府决定在全区开展"安全生产责任落实年"活动，紧扣《宁夏回族自治区安全生产行政责任规定》（宁夏回族自治区人民政府主席令第70号）、《宁夏回族自治区安全生产"党政同责、一岗双责"规定》，将安全生产责任分解为党委政府的领导责任、部门监管责任和企业主体责任"三大责任"，分别明确了党委政府的领导责任"五级全覆盖"，部门监管责任"五个落实"和企业主体责任"五覆盖、六到位"的活动目标，通过向上一级安全生产委员会备案的方式，力促安全生产责任体系建设有形化和实质化。截至2016年8月底，党委政府的领导责任"五级全覆盖"落实率超过80%。部门监管责任，自治区层面21个负有安全生产监督管理职责的部门19个已经完成"五个落实"，市、县（区）两级也基本完成，全区落实率接近90%。高危行业企业和其他规模以上工业企业主体责任"五覆盖六到位"落实率近80%，初步解决了安全生产工作"谁来管、管什么、怎么管"的问题。

二、建立企业安全生产预防控制体系。借助智慧宁夏政务公共服务云平台建设，在全区安全生产隐患排查治理信息系统试点工作的基础上，遵循与企业组织构架嵌合、与企业内部管理同步，推进企业实现全员全过程安全管理的理念，深度开发了企业安全生产管理信息平台，为企业提供全面系统的安全管理工具。企业可自我架构各层级组织机构和各层级隐患排查（风险管控）清单，建立责任到班组、到岗位、到人员的常态化风险管控体系；监管部门也能及时有效地掌握企业安全生产动态，督促企业消除不安全因素。同时，制定安全管理分级化、排查项目清单化、隐患查治常态化、制度规程规范化、现场管理可视化、培训教育经常化"六化"工作目标，促使企业通过信息系统的建设和运用建立安全生产全员参与、全过程管理的预防控制体系，全面提升企业本质安全水平。规模以上工业企业和高危行业95%以上的企业已上线运行，2016年前8个月，累计排查隐患28234条，整改28048条，整改率99.3%。与住建、交通运输企业和消防重点单位的联网也在积极推进。

三、完善安全生产应急救援体系。按照"政府扶持、一企主建、多企共养、平战结合"的思路，积极推进全区安全生产应急救援体系建设，强化现有骨干救援队伍装备能力建设，推进重点化工业园区组建危化骨干救援队伍，实现布局合理、救援及时的目的，筑牢安全生产最后一道防线。强化企业岗位应急处置等工作，推行岗位应急处置卡，提升事故初发处置能力。

四、建立行政执法、技术抽检、专家会诊"三位一体"监管模式。充分发挥技术手段在解决技术问题、专家在解决专业问题中的作用，提高安全生产监管的针对性和有效性。经自治区政府常务会议研究决定，进行了行政执法、技术抽检、专家会诊"三位一体"监管模式的试点。在强化行政执法"合规性"检查的同时，通过购买服务将专家和专业技术机构的技术优势引入安全生产监管之中。2014 年，对全区涉氨生产、储存企业自动化控制装置和泄漏报警装置的技术抽检，使一些长期未能发现的安全隐患凸显出来，监管部门依据检测报告下达执法文书，挂牌逐项销号隐患，对问题严重的 15 家企业进行了停产停业整顿，企业在监测数据面前口服心服，效果十分明显。对全区粉尘防爆企业进行了技术抽检。同时，对一些连续发生生产安全事故、安全生产条件差、隐患长期得不到有效治理的企业，从专家库中选抽专家组成专家组，进驻企业进行深度会诊，解决了专家随同检查短时间内无法发现深层次隐患特别是管理隐患等问题，会诊报告作为行政执法的依据，由各级安全生产监督管理部门督促企业进行整改。总结试点经验，拟在《宁夏回族自治区安全生产条例》修订中将其纳入，使之法定化。